智能制造与工业互联网丛书

U0185866

边缘计算使能 工业互联网

戴文斌 宋华振 彭 瑜 ◎编著

机械工业出版社

CHINA MACHINE PRESS

图书在版编目（CIP）数据

边缘计算使能工业互联网 / 戴文斌，宋华振，彭瑜编著 . —北京：机械工业出版社，2023.1
（智能制造与工业互联网丛书）
ISBN 978-7-111-72664-7

Ⅰ. ①边… Ⅱ. ①戴… ②宋… ③彭… Ⅲ. ①无线电通信 - 移动通信 - 计算 ②互联网络 - 应用 - 工业发展 Ⅳ. ① TN929.5 ② F403-39

中国国家版本馆 CIP 数据核字（2023）第 029228 号

边缘计算使能工业互联网

出版发行：机械工业出版社（北京市西城区百万庄大街 22 号　邮政编码：100037）

策划编辑：王　颖　　　　　　　　　　　责任编辑：冯秀泳

责任校对：张爱妮　　李　婷　　　　　　责任印制：常天培

印　　刷：北京铭成印刷有限公司　　　　版　　次：2023 年 4 月第 1 版第 1 次印刷

开　　本：170mm×230mm　1/16　　　　印　　张：12.5

书　　号：ISBN 978-7-111-72664-7　　　定　　价：69.00 元

客服电话：（010）88361066　68326294

前　言 | Preface

　　随着工业互联网时代的来临，制造业正在经历着一场前所未有的变革。工业互联网、智能制造、工业 4.0 等新概念层出不穷，推动制造业的信息化与智能化快速发展。另外，随着芯片、通信与储存技术的不断提升，工业现场设备的综合性能获得了极大的提高。为充分利用现场设备资源，边缘计算应运而生，从而使得过去不可能实现的智能变成可能。在工业互联网的推进过程中，OT 与 IT 融合难的问题越发明显，一边是以 IT 企业领衔的工业互联网平台大规模挺进，另一边是以 OT 企业领衔的制造系统信息化水平不断提升，但工业互联网平台始终无法与制造系统完全双向互通，实现智能算法与模型的真正落地。边缘计算将成为 OT 与 IT 融合的纽带，它是工业互联网的实际载体，同时也是两化融合的重要一环。

　　本书从制造业的控制与计算发展开始，分别以离散制造业和流程工业为例，回顾工业系统中控制与通信的发展历史，进而介绍工业互联网与边缘计算的起源与发展，以及一些国外现有的边缘计算架构及案例；接着，解析工业互联网 + 边缘计算的新体系架构及其对工业软件的影响，并且进一步介绍基于微服务的工业边缘 App 以及应用市场将对工业项目开发模式的改变；然后，介绍一些边缘计算中时间敏感网络（TSN）、OPC UA 与管理壳、系统级建模语言 IEC 61499 和下一代 IP 等新技术，以及这些技术对工业的影响；最后，对一些潜在的工业边缘计算应用场景进行介绍，并对需求以及挑战进行分析。

本书从 OT 从业者的角度出发，对工业互联网 + 边缘计算架构做出了新的诠释，详细讲解了 OT 与 IT 融合的关键问题以及技术路径，为工业互联网应用落地指明了方向，同时也为工业自动化、信息化、智能化的实施提供了有效的路径。希望本书能为 OT 与 IT 从业者提供联系的桥梁和纽带。

作者

目　　录 ┊ Contents

前言

制造业中的控制与计算发展概貌

1.1 综述

1.1.1 四次工业革命时期的制造自动化[⊖]

人类社会随着农耕生产和畜牧生产的发展而不断进步。农耕时代为了保证生产的持续进行，推动了手工业的发展进步。进入 18 世纪之后开始了工业革命。按照现在的观点我们已经进入第四次工业革命时期。下面从自动化大事件的角度回顾不同工业革命时期自动化的进程。

第一次工业革命（1700 ~ 1900 年）。人类开始进入机械生产，由蒸汽提供动力。在这 200 年的进程中出现了一系列重要的自动化事件。例如 1700 年法国人 René-Antoine Ferchault de Réamu 提出可使自动化设备实现控制目

⊖ 制造自动化（Manufacturing Automation）与制造业自动化（Manufacturing Industry Automation）的区别在于前者着重于自动化技术，后者着重于制造系统，包括制造设备和制造工艺。

的的反馈的概念；1788 年瓦特改进蒸汽机，发明采用节流阀对蒸汽量进行比例控制；1900 年，可通过远程控制室中的继电器盘柜进行开 / 关（继电器通 / 断路）控制，等等。

第二次工业革命（1900 ～ 1970 年）。进入 20 世纪以后开启了大规模生产的模式，其特征是由电能提供动力。在这 70 年间发生的重要的自动化事件有：1932 年负反馈概念形成，纳入当时最新的控制理论中，并用于设计控制系统；随后 Foxboro 公司设计了第一台可以进行比例积分运算的控制器；麻省理工学院的伺服机构实验室提出了方框图的概念，并用来对控制系统进行仿真；1950 年穿孔纸带用于机床，以实现自动化数控；1959 年大型工厂首次使用分布式控制；1968 年首次设计出可编程逻辑控制器（Programmable Logic Controller, PLC）概念机；1969 年开发出第一台可编程逻辑控制器 Modicon 084，首创采用梯形图编程。

第三次工业革命（1970 ～ 2010 年）。随着电子技术的发展，半导体集成电路的普遍应用，促使了第三次工业革命快速推进。这一阶段的特征是采用电子技术的自动化生产，软件、通信起了越来越关键的作用。重要的自动化事件列举如下：1973 年推出 Modbus，实现 PLC 之间的通信；1975 年第一套分布式控制系统（Distributed Control System, DCS）在 Holleywell 公司问世；1976 年推出远程 I/O；1986 年 PLC 采用 PC 编程和监控；1990 年继现场总线在流程工业获得成功之后，在离散制造业也开始了现场总线在工业现场的规模应用；1993 年以太网和 TCP/IP 引入 PLC 和 DCS，为进一步的连接性发展打下基础。

第四次工业革命（自 2010 年至今）。其特征可以简要地概括为在操作技术（Operation Technology, OT）与信息技术（Information Technology, IT）融合基础上的智能制造和智能管理。目前可以回顾的重要的自动化、信息化和智能化事件有：2015 年德国政府正式宣布工业 4.0（Industrie 4.0, I4.0）的德国发展国策；中国政府提出中国制造 2025 规划；美国 GE 提出工业互联网规划；之后又陆续出现人工智能、大数据、数字主线和数字孪生等一系列新的概念、理论和实践。这一切都促使制造业的控制和计算超出了经典自动化的范畴，从供应链的维度把制造业的上下游联动和协同纳入控制和管理的视野。

1.1.2　与制造业相关的控制理论的发展进程

直到 20 世纪 30 年代，工业自动化主要由工程师主宰。过程和仪表工程师使用控制器调节温度和压力；机械工程师使用调节器控制发动机的转速；电话电信工程师运用负反馈原理设计线性放大器，以实现长途电话通话清晰；等等。尽管自动控制在工程中运用很普遍，但在开发设计过程中很少有理论指导，绝大部分使用的都是"试错法"。有人形容说"自动调节的科学处于一种不正常的状态，在微不足道的理论基础上建立了一座巨型的实用大厦"。对于使用控制器和调节器的各个行业来讲，只要有足够好的经济性和实用性，对自动控制学科没有迫切的要求。

当时虽然有一些机构分别在一些基于数学的自动化方向进行研发，如麻省理工学院的伺服机构实验室提出用方框图描述系统、开发求解微分方程的模拟计算机；又如 AT&T 着力于扩展其通信系统带宽的一系列措施等。不过，分散的领域和分散的目标形成不了建立自动控制理论和学科的力量。直到第二次世界大战期间美国国防部为开发火炮控制等战时急需的项目建立了协调机构，将分散在美国的几个研究团队组织起来，创建了一些新的研究机构，以及战后为解决日益复杂问题而发展的新技术和新工具（如电子计算机等），才很快形成了一门新兴学科自动控制理论，这就是今天我们称之为经典的控制理论。此后在 1960 年以 Kalman 在国际自动化联盟 IFAC 第一届大会上发表"控制理论的一般问题"这篇经典论文为起点，开启了现代控制理论的发展，从以前以实践为目的的学科逐渐转变到抽象、以理论为导向的学科。

如今，自动控制强调的是数学的严谨性和理论的完整性。本科生的教材一般都要求学生具备拉普拉斯变换、建模、应用微分方程和矩阵代数的知识，来研究系统的可控可观、动态响应、稳定性等。但在流程工业和电动机传动中，至今超过 90% 的工业实践，仍然采用最早出现在 1922 年的 PID（比例 – 积分 – 微分）的算法及其扩展和改进的变种。

1.1.3　制造业控制和计算多级分层架构的发展进程

20 世纪 90 年代，美国普渡大学工业工程系基于工业制造提出计算机集成制造的普渡参考模型（Purdue Reference Model, PRM），被国际工业和学术界奉为经典。目前，这一经典的参考模型由原来的 5 层架构（见图 1-1）发展到 6 层架构，清晰地表明它所描述的对象已经从单一的制造工厂的参考模型演变为工业企业生产制造的参考模型（见图 1-2）。

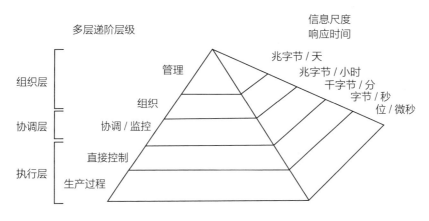

图 1-1　普渡参考模型 5 层架构

企业控制的系统集成国际标准 IEC/ISO 62264 脱胎于 ISA-95。虽然这一标准是在普渡参考模型的基础上发展起来的，适用于流程工业、离散制造业和批量过程工业，但最先在流程工业获得的普遍支持和实践应用。工业 4.0 的 RAMI4.0 参考架构模型中的"多层递阶层级"（Hierarchy Levels）的维度，主要是借鉴了 ISA-95 的概念。由于最终用户对 ISA-95 参考模型的认可和青睐，在美国和欧洲，工业软件的开发厂商一般都以此模型为依据。为了更好地服务于智能制造和工业物联网（Industry of Internet of Things, IIoT）的需要，如图 1-3

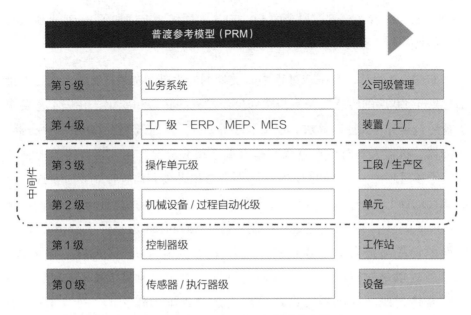

图 1-2   工业企业 6 层生产制造参考模型

L5	企业接入云系统的网络、路由和存取端口	企业集成	防火墙
L4	PLM、ERP、CRM、HRM、PRES、QMS（时间框架：月、周、天）	生产现场业务规划和物流	防火墙
L3	MOM/MES、WMS、LIMS/QMS、CMMS（时间框架：天、时、分、秒）	生产现场制造运营和控制	防火墙
L2	DCS 服务器客户端（SCADA, HMI, OPC 服务器）(时间框架：时、分、秒、次秒级）	工段 / 车间监控和控制	
L1	批量控制、离散控制、驱动控制、连续过程控制、PLC、CNC（时间框架：分、秒、毫秒）	基础控制	ISA-95 参考模型：未涉及流程工业的许多外国业务内容，也未涉及包括在工业 4.0 中的若干内容
L0	传感器、驱动器、执行器、机器人（时间框架：分、秒、毫秒）	生产过程	

图 1-3   ISA-95 参考模型增加了 L5 级企业云集成

（来源：InTech 网站 No Nov/Dec, 2018）

所示，ISA-95 参考模型在原来的 L0 ～ L4 的层级之上增加了 L5 级企业云集成（企业接入云系统的集成）。

如图 1-3 所示，在制造过程中有关控制的大部分处在 L1 层，这是直接通过处于 L0 层的传感器等检测感知生产过程的状态和变化，并按工艺要求进行综合运算（如控制算法、逻辑顺序等）后，又通过处于 L0 层的执行器、驱动器、机器人等对生产过程实施直接干预或改变。由此可以得出控制是直接干预过程的。L2 层的 DCS 服务器有数据采集和监视控制（Supervisory Control And Data Acquisition, SCADA）、人机界面（Human Machine Interface, HMI），执行先进过程控制算法（Advanced Process Control, APC）的对象链接与嵌入的过程控制（OLE for Process Control, OPC）服务器。APC 虽然也是对过程实施干预的，但它的干预必须通过 L1 控制层，即 APC 是通过改变控制器的设定值对生产过程施加作用的。处于 L3 层的制造执行系统（Manufacturing Execution System, MES）/ 制造运营管理（Manufacturing Operation Management, MOM）是对生产车间 / 工厂现场实施生产调度和管理的，譬如对于复杂流程的高级计划与排程（Advanced Planning and Scheduling, APS）、综合能源管理等。在这一层级需要根据上一级的企业业务计划要求，把生产任务的数量质量要求和交期等分解为具体的生产工单下发到车间 / 工厂的基层组织，实现对各个生产装备调度，还需要根据从 L1 层采集到的实际生产的数据和运行状况，对照生产计划进行管理和决策。这里一系列的计算虽然不是直接对生产线上的设备产生作用，但是是从车间 / 工厂的全局来通盘考虑安排的。如果再考虑上一层 L4 和 L5 的企业计划管理、物流调配和供应链等，其涉及的计算不仅在内容上更为宏观，而且在时间尺度上不同于其下层。所以笼统地讲，制造业的控制和计算在实施内容上不同，在时间尺度上也有巨大的差别。

图 1-4 描述了在工业 4.0 和智能制造的 ISA-95 参考模型架构的由 L0 到 L5 各层级的功能和相互关系。

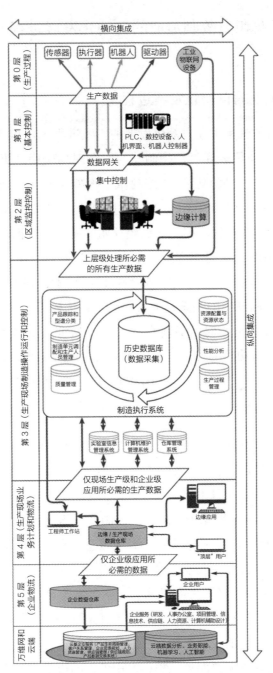

图 1-4　工业 4.0 和智能制造的 ISA-95 参考模型架构

（来源：InTech 网站）

1.2　流程工业和离散制造业的自动化发展进程

1.2.1　流程工业的自动化发展进程

图 1-5 给出了流程工业自动化发展的实践进程。自 20 世纪 20 年代，流程工业开始了气动仪表和气动控制器的生产现场应用，历经了单回路电子控制器（1959 年）、8 回路数字式控制器（1970 年）、100 回路规模的数字式控制系统（DCS）（1980 年）到 1000 回路规模的 DCS（2000 年）各个阶段的发展。20 世纪 70 年代流程工业已经开始运用生产数据的历史记录、现场总线网络、灵活的系统组态和规模不大的人机界面。20 世纪 80 年代之后，在 L1 层开始运用功能块、顺序控制和自诊断技术；在 L2 层已经有了按生产的需要配置不同规模的系统，大大提高了系统的可用性；在 L3 层相关的计算机系统已经接近当时的最新水平。进入 21 世纪，流程工业在 L1 层普遍运用高性能、多功能的 DCS，配有可寻址远程传感器高速通道（Highway Addressable Remote Transducer, HART）或基金会现场总线（Foundation Fieldbus, FF）；而在 L3 层大量使用低成本的服务器。

随后的发展，特别是近些年来，面临着一些亟待解决的重要问题：1）许多正在运行的 DCS 系统已经服役二三十年，备品备件所需的元器件已经停产或改型，如何低成本且不停产或少停产地进行升级改造，这是最终用户十分关心的问题；2）经过几十年运行，控制系统积累了大量的生产运行数据和智能运营的知识库，在控制系统的升级改造过程中如何继承和保护这些软资产；3）在 IT 以高度密集和高速度的方式进入流程工业的今天，OT 如何能够跟上 IT 的步伐，又不失时机地与之融合。于是在一些有远见的最终用户的积极推动下，流程自动化行业出现了开发下一代开放的分布式自动化技术的迫切要求。未来的控制系统追求的目标很具体：能够低成本替代原有控制系统，且可按现场需要配置系统；运用先进的边缘设备，但仍可沿用原有的 I/O 及其电缆布线；具备良好的 App 工业软件的可移植性；方便与先进

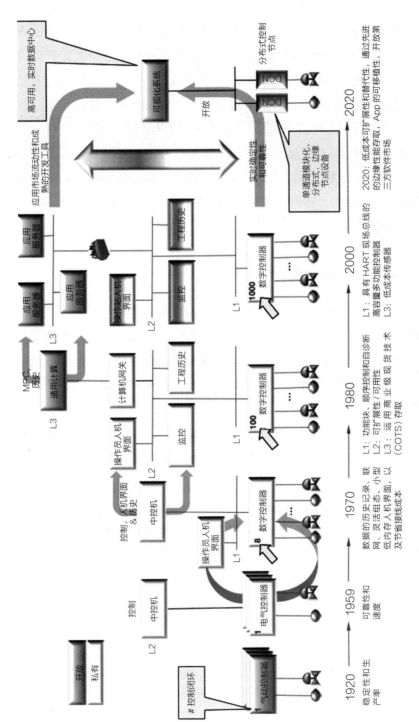

图 1-5　流程工业自动化发展的实践进程

（来源：InTech 网站）

的部件和第三方软件集成。还要求用高可用性的实时数据中心构成虚拟化的系统，对下连接由边缘设备、单通道的模块构成的分布式的控制节点（DCN），执行常规的或智能的 I/O 数据采集和执行，以及调节现场的控制回路；而在虚拟化系统中可以运用工业 App 这样市场流动性强的、精巧的开发工具，方便加强 OT 与 IT 的融合。这些颠覆现有和以往控制系统的技术，强烈地受到近些年来 IT 行业并发的若干个重要技术的影响和推动。其中最重要的是大量应用的系统虚拟化，以及云计算、运用广泛的开源软件（Open Source Software, OSS）、新软件技术集成和软件开发和部署（DevOps），以及超高可用性的部署平台。

1.2.2　离散制造业的自动化发展进程

离散制造业从最基本的电动、液压和气动控制发展到当下的 PLC、机器人和数控设备，历经了一百多年的时间。现在普遍认为，1913 年美国福特汽车公司的汽车整车的装配生产线是最早实现制造业自动化的开路先锋。制造业自动化的目标是提高生产效率、减少劳动力的消耗。原来福特公司装配一辆汽车要 12h，采用自动化装配生产线后减少到只需 1.5h，生产效率提高了 7 倍。在 1930 年，日本一家公司开发了微动开关、保护继电器和精密的电气定时器等自动化元器件，是当时的制造业自动化的领先者。之后世界各主要工业国都开展了制造业自动化的应用和开发新颖的自动化器件，如固态的接近开关等。在 1939 年至 1945 年第二次世界大战期间，为满足战时的需要，飞机、登陆运载车辆、战船和坦克等制造开始广泛采用自动化。二战以德国和日本投降告终，它们开始了工业重建计划，德国和日本推进在汽车制造业的自动化，生产了大量高质量且具有价格竞争力的轿车，涌现了像大众、奔驰、本田、丰田等汽车集团。

1970 年以后，美国通用汽车公司为了使生产线能快速调整重构，率先采用了专门开发的既源于计算机技术，又极为适应现场应用场景的 PLC。最早由 Dick Morley 领衔设计和开发的以 MODICON 命名的 PLC，其最显著的特征是硬件的模块化以及首创梯形图编程，使电气技术人员能迅速掌握控制逻辑的编程，使电工能很好地掌握 PLC 的使用和维护。由于这一次的技术转型相当流畅，几乎没有什么阻力，从此树立了 PLC 在制造业自动化领域的地位，几十年长盛不衰。甚至 PLC 的推广应用被广泛评价为第三次工业革命的标志。

当前正在进入第四次工业革命的发展阶段，智能制造、工业互联网、人工智能、数字孪生、边缘计算等新技术、新策略、新应用模式正在渗透和深入到离散制造业。自动化与通信、云计算、软件定义越来越相互结合，表明了今后离散制造业的发展方向一定是以离散制造领域知识和经验积累为基础，创建各个细分领域的模型，以 MBSE 基于模型的系统工程为引导，使制造业自动化拥有更多的智能、更柔性的生产组织，更全面更有针对性的数据采集、边缘计算和处理分析，更及时更实时的管理调度。

1.3   工业现场总线和工业以太网的发展历程

工业通信的发展，特别是现场通信的发展，一开始就注重满足应用要求。由于流程工业和离散制造业的工艺和生产现场差异很大，流程工业的生产过程所处理的工质一般是连续的，即使前后道工序之间的衔接也是连续，而且都是在密闭的管道、反应罐（塔）等装置中完成加工处理。流程工业的现场通信要求与离散制造业（被加工的工件是一个个断续的）的现场通信要求有很大的差别。

不过从技术渊源来讲，现场总线从电子工程技术的并行总线和串行总线发展而来，工业以太网就网络技术而言发源于计算机网络技术，而其应用层的内涵则沿用了现场总线的机制和概念。图 1-6 清晰描述了这些演变过程。

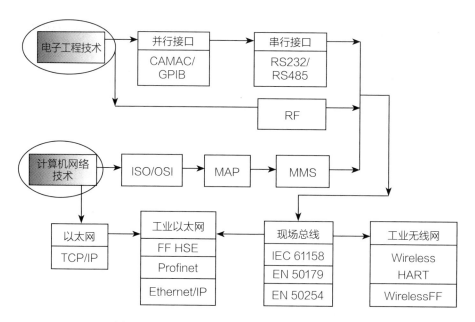

图 1-6　现场总线和工业以太网的历史发展渊源

1.3.1　流程工业现场总线和工业以太网的发展历程

流程工业的通信发展可划分为五个阶段。第一阶段是 20 世纪的 60 年代，安装在控制室中的单台主计算机与现场设备采用星形拓扑部署。主计算机承担所有的控制和监控任务，与现场设备之间都是以点对点的方式连接。这就是集中式的配置。其缺点显而易见，如接线复杂导致接线成本高，主机一旦故障将引发系统立即崩溃，缺乏标准致使部件无法替换等。第二阶段是在 1970 年前后。由一台主计算机承担的控制和监控任务分散给两台或多台控制器，每台控制器分别与各自的现场设备按照点对点的方式连接。明显的优点是故障容错大为改善。由于集成电路的伟大革命推进了流程工业通信的巨大进步，进入了第三个阶段。第三阶段始于 20 世纪 70 年代的中期。运用了数字式串行通信技术，承担控制的集中控制器被多个就地控制器取代，就地控制器尽可能地靠近现场设备，这样既减少了控制系统的复杂程度，也大大缩短了接线距离；在控制室内设置的操作员控制台和监控用计算机，同样也挂在数字式串行总线上。这种结构的典型代表就是 1975 年问世的 Honeywell 的 TDC 2000。紧接着在 1980 年推出了流程工业用的现场总线 FF（现场总线）。在一个 FF 的网段，一根现场总线双绞线电缆同时兼顾向现场设备供电和传输数字信号，可以挂若干个现场设备（视现场设备的总耗电功率而定）。这大大简化了系统的维护，也减少了电缆的成本。这就是第四阶段，开启了现场总线控制系统的年代。

20 余年后，也就是从 21 世纪开始，以太网的盛行逐渐渗透到工业领域，控制器之间的连接都采用工业以太网，但控制器与现场设备之间的通信还以现场总线为主（见图 1-7）。这是流程工业通信的第五阶段。

到了 2020 年，以太网一网到底的目标由于单股双绞线以太网（Single Pair Ethernet, SPE）电缆的问世和先进物理层（Advanced Physical Layer, APL）的发展得以实现。在本书后面就专门开辟章节讨论 SPE 和 APL。

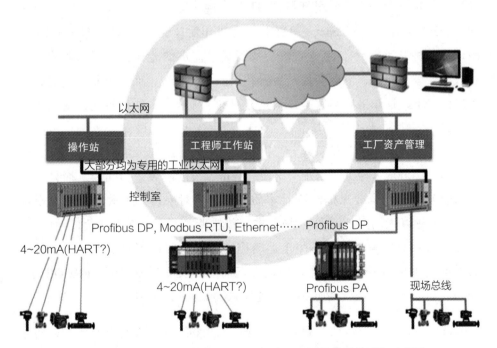

图 1-7　目前流程工业通信（由工业以太网和现场总线构成）示意图

（来源：Industrial Ethernet Book 网站）

1.3.2　离散制造业现场总线和工业以太网的发展历程

在 20 世纪 80 年代以前，离散制造业的自动化都是围绕生产线或生产单元进行的，以致形成了一个又一个的自动化孤岛。随着更大规模的自动化系统的需求和发展，出现了计算机集成制造系统（Computer Integrated Manufacturing System, CIMS），运用数字式串行总线（如 RS 422、RS 485），或者专门开发的工业制造自动化通信协议 MAP（Mobile Application Part），将自动化孤岛连接成一个按生产计划层、生产调度执行层、生产设备控制层和现场设备层划分的多层递阶系统。

在流程工业开发了 FF 现场总线的同时，PLC 厂家 Modicon 公司最先推出了供 PLC 之间通信的 Modbus，之后德国博世公司开发了价廉物美的 CAN 总线。紧接着后面几年陆续在德国出现了 Interbus（菲尼克斯公司开发）、Profibus（西门子公司开发），日本出现了 CC-Link（三菱电机公司开发），美国推出了 Devicenet（罗克韦尔公司开发）。前三种都是基于 RS 485 的，后一种基于 CAN。鉴于现场应用的场景需求的差异，流程工业的现场总线都要求二线制，供电和信号传输共用一对双绞线，而离散制造业对此并无严格要求，往往供电与信号传输是分离的。流程工业所用现场总线的拓扑结构也与离散制造业的现场总线不同。流程工业现场设备分布散，地域较广，因而流程工业的现场总线 / 工业以太网的拓扑结构以主干网（trunk，长度要达到 1000m）为主，再配合分支（spur，长度不大于 200m）。而且在许多易燃易爆的场合要求电路满足本质安全。相对来讲，离散制造业对现场总线 / 工业以太网又有另外一些要求，传输距离虽然没有那么远，但对实时性要求相对更高，特别是用于运动控制时甚至要达到亚毫秒级，而时间的抖动要小于微秒级。于是为满足市场需要，又先后开发了 SERCOS Ⅲ、PowerLink、EtherCAT、Profinet 等现场总线 / 工业以太网。

按应用要求，与运动控制有关的现场总线和工业以太网类型可大致划分为三类（见图 1-8）：通用型，除有运动控制要求外，还有一般的自动化要求；混合型，既有通用型的应用要求，又有纯粹型的应用要求；纯粹型（或

称为运动总线），要求提供很高的周期刷新率（≥ 3kHz），例如在 1ms 内要对
300 个轴运动数据刷新 1 次。

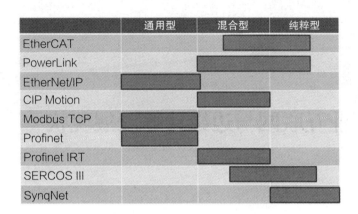

	通用型	混合型	纯粹型
EtherCAT			
PowerLink			
EtherNet/IP			
CIP Motion			
Modbus TCP			
Profinet			
Profinet IRT			
SERCOS III			
SynqNet			

图 1-8　运动控制用现场总线和工业以太网的分类

（来源：Industrial Ethernet Book 网站）

工业互联网与边缘计算发展现状

2.1 工业互联网与边缘计算

2.1.1 边缘计算

计算技术经历了大型机计算、PC 计算、网络计算、云计算等阶段之后，进入了边缘计算 / 雾计算。边缘计算增强了在网络边缘（也就是靠近数据源头的地方）的数据处理能力。边缘计算将数据处理能力放到更接近数据源头的网络边缘设备中，图 2-1 示出了边缘计算的 5 大关键优势：1）更快的响应时间；2）以间歇性的连接性获得可靠的操作运行；3）良好的信息安全和符合性；4）性价比高的解决方案；5）为传统设备和现代设备之间构筑互操作性。正是由于边缘计算呈现了它在工业互联网时代的重要地位，这几年来赢得了工业界的重视和青睐。

图 2-1　边缘计算的 5 大关键优势

（来源：altizon.com 网站）

2.1.2　工业环境下的边缘计算

1. 概述

工业环境下的边缘计算通常以实时或者接近实时的方式获取正确的设备数据，以推动更好的决策，必要时还可以进行工业过程控制。为了实现这一目标，必须先行构建边缘设备及嵌入其中的软件、边缘服务器以及云的基础架构，并连续全天候地运行。

工业网络边缘可以扩展到工业设备、机械制造、控制器和传感器。当下，边缘计算和分析正在快速地向靠近机械装置和数据源的地点部署。随着工业系统数字化转型已成定势，分析、决策和控制这些以往集中完成的功能，正在从物理上加速向边缘设备、边缘服务器、网络的边缘路由器、云及其连接系统分散。与此同时，自动化资产设备正在提升其执行边缘计算的功能。

边缘计算支持 OT 与 IT 融合，在架构中的这两个领域之间架起了桥梁。

这特别明显地表现在它不仅担任原有服务于现场数据的角色,同时也为上一层的网络承担数据服务功能,而且正在成为工业互联网架构中的一个组成部分。

数据在接近数据源头的地方进行处理,意味着边缘计算和分析可能不把所有的数据向云端发送,而是将一些数据就地处理,诸如数据过滤、数据集成等。边缘系统可自行决定哪些数据要发送,向什么地方发送和什么时候发送。让边缘具有智能有助于解决工业设施(如采油井、采矿点、化工厂等)通常遇到的问题,如低带宽、低延迟、感知以任务为关键的数据等,以保证知识产权不被人窃取。

当制造厂在实施厂内的机械设备和装置,以及生产系统与数字化企业相连接的解决方案时,在边缘侧执行实时智能。在现今的互联工厂中,边缘计算将提供下一代的智能连接设备和数字化企业的基础。这些智能边缘设备可将传感器的数据和流信息加以集结和分析,以支持预测性的分析平台。

利用边缘计算和云计算的混合方法将为每个流程工业和离散工业的用户提供可执行的信息,用以支持实时的业务决策、资产监测、数据分析过程报警、过程控制,以及深度学习等。而边缘计算和云计算的算力移往网关和IIoT的边缘设备,这一趋势日趋明显。

许多终端用户期望在边缘实施数据分析,这并不出人意料。如果工业向智能互联机械和生产系统的生态系统发展和迁移,第一步就是建立数字化的环境,在这数字化的环境中,实现了信息安全的工厂在生产过程中运用可以存取、采集、集结和分析数据的智能设备,并提供可执行的信息,于是,运行、维护以及工厂和产品的设计和工程部门都能由此获得优化设计、制造和支持的能力和手段。

操作运行、资产管理和可靠性等的迫切需要,推动终端用户去部署和利用边缘计算。但是随着机械装置和设备以及生产系统的边缘计算和设备持续不断增加,首先要关注的一定是网络和信息安全问题。当边缘设备可以连接工厂的生态系统、产品和现场的设备装置，甚至制造供应链的时候，设备和连接必须保证网络和信息的安全和可靠。

具有信息赋能运行操作的智能制造和边缘计算，实际上为改善业务性能提供了无限的潜力。过去长期在机械装置内和过程中未被利用的数据将被发掘利用，可快速地辨识生产低效率的问题，针对制造条件来比较产品质量，精确查明在安全、生产或环境等方面的潜在问题。边缘基础结构的远程管理将立即与操作人员以及不在现场的专家线上联系，及时处理以避免故障的发生和可能导致的停机事件，或者快速地进行诊断，寻找故障点。

总之，边缘计算和云计算的基础架构将加速 OT 与 IT 的融合汇聚。于是，那些原来只关心自己责任范围内系统的 OT 与 IT 的专业人员，就可以相互学习对方的技术。IT 的专业人员需要把他们的企业网络运行的经验和无处不在的在制造应用中运用互联网协议的技巧向 OT 人员传授；OT 人员需要把过去的自动化孤岛向现在的全厂互联互通和以信息为中心的边缘和云架构升级迁移。于是，边缘计算就成为将 OT 与 IT 融合交汇的关键点。

2. 工业环境下互联网的边缘计算

随着工业数字化转型策略正在整个工业界广泛地执行，对工业互联网架构边缘的重要性的认识日益增长。早期的认识侧重于即时地将完整的数据传送到云端的应用，而现在的工业互联网边缘已经在整个企业架构中作为完整的新型生态系统中不可或缺的部分而存在。所定义的工业互联网边缘包括物理设备、资产、机械装置、流程以及与互联网赋能部分互动的应用。工业互联网设备向任意可以接受其输入的系统提供数据。这些系统包括工业互联网赋能的系统、应用和服务，但并不常驻于云端和数据中心之内。边缘系统一般都是预装的，但区别于典型的非互联网连接的自动化和控制系统。

这里需注意的是，工业互联网生态系统不是 MES。虽然工业互联网边缘处在企业架构中 MES 的类似层级，但它比任何 MES 或网络基础设施层都要更丰富更细微些。工业互联网边缘呈现的功能性谱系涵盖设备的连接性和自动化协议的应用转换、部署、管理、可视化，以及执行那些以增量化的业务改善和竞争优越性为目的的关键应用。这一角色的内在功能不仅仅起着 OT 与 IT 进一步融合的作用，而且还起着计算、分析和连接的作用。

设备和软件供应商对工业互联网边缘的责任在于，以其宽泛的功能性谱系服务为目标而扩展硬件、软件和解决方案。于是，用作简单的协议转换的传统自动化网关已经演变为支持标准微处理器和标准的操作系统（尤其是 Linux）以及容器化的边缘计算设备。逐步上升的计算和存储要求迫使一种新型的"瘦"边缘常驻在高于网络基础设施层的位置，以进一步赋能边缘过程。

工业互联网边缘软件平台也类似地从原来的设备连接性和管理演变为功能更多的 OT 与 IT 集成和应用执行环境，以满足在这一层级胜任日益增长的服务要求。这些平台正在增长为本地计算和应用执行的载体，用以服务于工业互联网赋能的业务改善过程。

图 2-2 描绘了工业互联网边缘的功能栈。由底层的检测传感、控制、数据采集，到传统的集成、通信协议的转换以及 OT 与 IT 的融合，再到机器学习 / 人工智能、分析、数字孪生、边缘计算、应用程序的管理和实现、应用程序的开发以及设备的管理，再往上作为云端的代理执行边缘到云端的集成，以及各种 IT 协议 [消息队列遥测传输（Message Queuing Telemetry Transport, MQTT）、高级消息队列协议（Advanced Message Queuing Protocol, AMQP）、对象链接与嵌入的过程控制（OLE for Process Control, OPC）、统一架构（Unified Architecture, UA）等] 的支持。为了完成这一系列功能，会用到容器技术、虚拟机技术等与计算的开发工具。

- 边 – 云集成
- IT 协议支持

- 机器学习 / 人工智能、分析、数字孪生
- 边缘计算
- 应用程序管理
- 应用程序实现
- 应用程序开发
- 设备管理

- OT 与 IT 融合
- 协议转换
- 传统集成

- 检测传感
- 控制
- 数据采集

图 2-2　工业互联网边缘的功能栈

（来源：ARC 网站的 Defining the Industrial IoT Edge）

2.1.3　工业边缘的两个视角

在考虑工业边缘环境时，我们可以从运行操作的视角和网络基础架构的视角分别进行思考。工业互联网 IIoT 把运行操作的边缘和网络基础架构的边缘连接在一起，凝聚成为一个整体。为了实现业务的目标将它们绑定在一起，形成整个 OT 与 IT 融合交汇的一个关键部分。图 2-3 描绘了这一场景。在云端可以部署需求规划、产品生命周期管理（Product Lifecycle Management, PLM）、供应链、资产管理、企业资源规划（Enterprise Resource Planning, ERP）等企业的应用软件和功能；其下安排网络边缘的基础架构，而运行操作的边缘资产包括由传感器、变送器、阀门、控制器等自动化资产，以及固定资产、运载工具、驱动装置等。

运行操作的工业边缘：运行操作的工业边缘是两个边缘环境中最直接的，它是工业过程的逻辑运行操作的始端和末端。不过不同的组织（如企业）、客户、运行操作等，对边缘的定义或许有所不同。一个采矿公司会把一个装有某个设备的地点视为其制造过程的运行操作边缘；而石油天然气工业则会把钻井平台或钻井与其相关的设备（如油泵或天然气泵、管线和火炬设备）视为边缘。对于制造业，工厂的运行操作边缘由一些机械设备和装置组成，例如上料机器人、金属冲压机等。对于发电工业，边缘会是汽轮机、燃气轮机或风力发电机的变速齿轮箱；对于输配电工业，边缘则是变电站、变压器或移动供电站。从上述例子中可见，在一个大型的操作运行过程内，边缘设备被用来执行关键操作，但是这些操作是有限度的，有时是与其他设备相互隔离的。

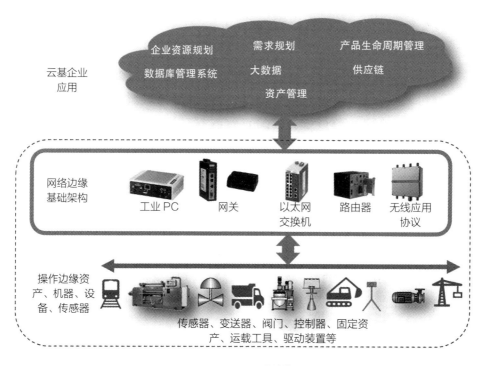

图 2-3　工业边缘的两个视角

（来源：ARC 网站的 Two views of industrial edges）

网络工业边缘：与上述经过提炼的过程相反，网络的工业边缘对于工业操作人员来说不是那么明显符合预期。许多含混不清源自操作人员通过存在已久且经过不断深化的视角去看待技术，其中包括分散过程控制、可编程逻辑控制和其他自动化应用。这些模糊不清的看法通常导致对 IIoT 过程的误解，以为其建设和价值和过去几十年来自动化成功的做法相似。

从网络的视角看，开发工业互联网的过程是为了通过数据共享、数据的分层管理和数据的系统使信息得以传输、分析、提炼，上升为知识，为决策提供依据和选择。在传统的 OT 领域，系统是在操作运行过程的范围内被加以隔离，形成信息孤岛，而 IT 则要超出这一视界来考虑，通常是从克服壁垒，如何实现更有效率的运行操作的设想来考虑的。

事实上网络边缘的定义是由 IT 人员完成的，但并不止于此。IT 人员描述利用云计算技术建立开发互联网赋能的数据共享的基础，同时建立智能的设备。于是云变成了"集中的中心环境"，据此来识别和定义边缘。这样，网络边缘就成了向云端提供数据的设备和系统了。不过，对于现今的工业希冀达到的目的，这样的定义过于简单化了。

与工业的操作运行相似，工业网络边缘发生在信息技术网络的逻辑始端和末端。它由具有数据通信、数据管理（例如信息安全、可视化、预处理和存储）和计算能力的装置和设备组成。网络基础架构的边缘可以包括一系列技术的同时，这一生态系统的分散性往往又附加了模糊点。它通常是传统的 IT 装置和设备以及有目的建造的工业系统和技术（诸如新加的传感器和执行器）的混合体。这许多技术作为个别的部件被导入工业环境或者被导入一个网络。它们的功能性也可被嵌入一个操作运行的基础架构中（如嵌入机器人或运载工具中）。

2.1.4　在工业边缘构建可靠的虚拟化和控制应用

对于几乎所有的应用，在工业边缘的虚拟化和控制计算都是适用而有益的。大多数处于边缘的系统、设备和工业物联网的传感器，正在向更智能而且能够提供大量数据的方向发展。在现场经过改善提高的 SCADA 和 HMI，其连接性也为存取这些大量的数据做好了准备。

在生产层，在现场或操作人员需要查看大量数据的时候，部署了更多的HMI功能一定会使工厂、成套装置和产线的操作运行更有效率。这包括基本的流程或过程监控和控制，在操作人员需要立即取得实时生产图表和趋势变化时，所提供的精确而齐全的数据，配以可进行调整和改变的手段，再加上从现场设备中取得的大数据，以及依据这些实时数据所进行的更细化的分析，无疑使操作人员如虎添翼，提高了操作人员即时深入了解生产状况的可视化和决策指导的能力。数据分析还可以揭示长期的趋势，使操作人员从中获得为改善效率而采取行动的信息。这一般不可能通过直接观察实时数据做到。除了改善操作运行之外，在计划或项目的生命周期的其他阶段，也可从工业边缘中获得利益。在设计和开发期间，经过验证的边缘计算架构，为从一个项目到下一个项目的复用和提高设计效率，提供了良好的结构化手段。边缘计算的模块化性质意味着原始设备制造商（Original Equipment Manufacturer, OEM）和系统集成商（System Integrator, SI）可以在内部开发平台上进行编程和测试，接着可以在新的和现有的现场生产系统中利用这些结果。快速的HMI的部署和HMI可移动的性能，还使得在新系统和老系统的调试投运更为方便。运用可靠的瘦客户端使不间断的维护更为简便，如有必要可以快速进行瘦客户端的重新部署和替代。在调试投运期间利用移动可视化和在便携式计算机或台式计算机的计算客户端，可为维护团队提供寻找故障问题的选项。

那么谁掌握工业边缘计算呢？这与谁掌握工业自动化计算结构和如何定义工业边缘和瘦客户端滚动显示有关。传统的工业计算解决方案在很大程度上建立在商用IT的基础结构之上。许多用于工业的计算技术都是逐渐从商业应用转移过来的，例如PC、服务器、以太网线和Wi-Fi联网、虚拟机、瘦客户端和若干冗余方案。不过制造业和流程工业总是紧紧围绕着OT领域。而OT要求许多上述的IT基础架构的同时，还要加上特定使命和特定要求的硬件、软件和通信方法，例如PLC、HMI、智能化仪表装置，以及工业以太网通信协议等。

OT与IT业务单元的融合并非终局游戏，工业边缘的部署必须产生于这两个团队成功协调的结果。一般地讲，IT人员并不曾受过与工业专用设备有关的培训。事实上，工业网络通常必须与业务网络小心地用防火墙隔离。OT 依赖于虚拟机和瘦客户端技术，但 OT 人员通常不会具有以 IT 为中心的广泛协调能力。

一个可供运用的中间平台把以 IT 为中心的硬软件部署功能打包到以 OT 为中心的运行平台。这样 OT 人员便可以方便地操作和维护 IT。

传统的自动化计算架构包括分布式和集中式的部件。纯 OT 设备（如 PLC 和可编程自动化控制器（Programmable Automation Controller, PAC）安装在工业边缘，可以与现场设备（如电动机、阀门和传感器等）直接互动，采集信息，并执行细化的控制。这些 OT 资产不断改进其性能，仍然起着重要的作用。与 IT 范围横向连接的工业自动化 SCADA 和 HMI 采集上述 OT 设备的数据，构成一个局部的"核心"，并可通过与台式 PC 联网，在所有需要的地方作为得心应手的工具。目前有一个发展趋势是在工厂层外安装控制和虚拟化的计算资产，或者甚至在传送带和机械装置上安装边缘设备，这样有可能使问题复杂化。

一个更合适的解决方案是保持集中的冗余服务器硬件作为核心，但将它作为与自动化有关的主虚拟机，而在需要的地方将 HMI 应用服务作为远程的瘦客户端。冗余服务器可以采用传统的 IT 样式，也可以采用专为工业任务而设计开发的经过 OT 优化的版本，即新推出的具有冗余成对网络节点的边缘计算平台。

瘦客户端技术是可靠部署和管理分布式 HMI 和虚拟机的优先方案，特别是这种系统支持移动设备的客户端。这就是说，工业自动化的虚拟机或应用程序都可在 PC、盘装式终端或连到公司内网的移动设备中实现可视化和进行操作。瘦客户端的架构使 OT 人员在边缘取得更好的体验，同时也可以大幅提高承担工业自动化核心任务的 OT 人员的维护管理水平。所得到的利益表现在：瘦客户端可使用对硬件资源要求不高因而相对便宜的设备，快速替代和重新配置的成本较低。

单内核技术非常适合于开发运用于边缘的数据采集、处理和分析设备，这是因为它是一种实现单一服务部件（单元）轻量级的机制。它对硬件资源的要求较低，易于快速配置和替代。它具有 App 服务的灵活性，像 HMI 这样的远程设备就可以利用单内核技术和有关的 App，快速构成专用的有针对性的数据采集分析和显示。它又易于开发，在工厂内的开发和测试活动可以在虚拟机环境中进行，而不论主机在何地，因而对实际现场部署的硬件设备要求不高。

　　上述这些特点对于 OEM 厂商和系统集成商很有意义。运用虚拟化和瘦客户端可加速集成的进度，特别是与多台服务器和 PC 方案的组态相比，将开发组态的过程转移到生产系统的瘦客户端，显然方便而快速；运用虚拟化和瘦客户端大大简化了系统维护，集中控制的虚拟机的维护远比分布式资产的维护来得容易，尤其在软件升级和为信息安全打补丁的时候更是如此；以单内核为基础形成瘦客户端的架构，系统可扩展性好，这得益于集中的标准化和良好的复用性；另外，通过建立和部署以运用虚拟化和瘦客户端为基础的设备，可为实现一致性、可靠性以及再现性的最佳实践打下坚实基础。图 2-4 是采用 Stratus 虚拟操作系统的瘦客户端架构的方案，易于用任务专用的虚拟化和移动软件来构成。

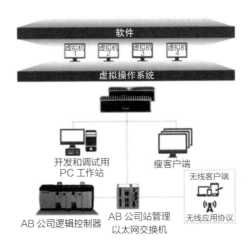

图 2-4　用虚拟机和移动软件构成瘦客户端的架构

（来源：InTech 网站）

综上所述，可以得出以下结论：采用瘦客户端和虚拟化的架构有利于提高工业边缘系统的易管理性、灵活性和可靠性。

2.2   边缘可编程工业控制器的发展

近年来在工业自动化市场有一种耀眼的新品种引起了广泛关注，这就是运用于工业边缘、可安全接入工业互联网的可编程工业控制器，例如美国 OPTO 22 的 groov EPIC，日本三菱电机的 MELIPC MI5000、MI3000、MI2000、MI1000 和中国台湾研华的 WISE-5000 等。

2.2.1   数据共享是制造业未来的急切需要

例如，自动化工程师接到一个新项目，要求把生产线的相关数据呈现在基于互联网的用户界面上，使工厂和企业主管生产的人员随时随地可以实时了解生产的实际情况。这个界面同时显示来自公司数据库的生产目标和销售情况。据此，主管人员对比实时生产的数据，便可对生产进行调整。

但是实施起来几乎所有的技术手段都必须事先搞定，即按原来承诺进行预置（on-promise）：

- 生产线上的现场设备要将相关的信号接到 PLC 的输入端，由 PLC 统计产线的成品数量。
- 从 PLC 获得数据要求在 PC 中安装专用的通信驱动程序，工程师采购了驱动程序并进行安装，将数据转换为工程量，存入相关的表格中。
- 接着 PLC 输出的数据必须通过网络发送到联网的基于 PC 的 HMI 和 SCADA 系统中。这些系统都要求工程师对相关的数据标签、驱动、轮询周期和速率进行组态和赋值。
- 为了将数据传送给公司的数据库，接下来自动化工程师必须找到公司的 IT 部门，通过已经组态好的 HMI 和 SCADA 执行数据传送。

- 最后可能还要做一些必要的编程，才能把所要求的数据呈现在生产主管的界面上。

通过成本不菲和相当复杂的工作终于完成了任务。不过如果今后又要增加新的数据源，自动化工程师和 IT 人员还要重复以上的步骤。

公司认识到生产主管人员需要来自产线的更多数据，以及需要某些控制生产要素的途径。加之还有新的产线生产不同的产品，那么新产线又会要求做许多工作，建立复杂的架构来实现生产数据的共享。这就是数据共享对工程技术人员的挑战（见图 2-5）。

图 2-5   数据共享对工程技术人员的挑战

（来源：OPTO 22 网站）

2.2.2   差异性是赢得市场竞争的重要手段

设备制造厂在面对市场的竞争时，要求它的设备与其他制造厂的同类型设备具有差异性，而来自客户的反馈意见归纳起来是：

- 方便客户将设备与过程控制系统集成。
- 增加 HMI 的选项，满足客户易于实现监控和控制生产操作运行的要求。
- 降低客户的成本，尤其是运行和维护的成本。

要实现客户的要求，得想很多办法。例如采用 OPC UA，便于与过程控制系统集成，但如果设备的控制系统是专用的，那就必须逐个地为不同的专用控制系统开发 OPC 的驱动程序。与现有的 HMI 集成也有同样的问题。如果还需要让机械设备具有和移动智能手机或平板电脑接口的无线连接功能，开发的成本恐怕不会少。

　　如果机械设备制造厂想得更远，要为所有已经出厂或今后将要出厂的设备进行远程监控的售后服务，那么，怎么保证数据和信息的安全又是一个很大的挑战（见图 2-6）。

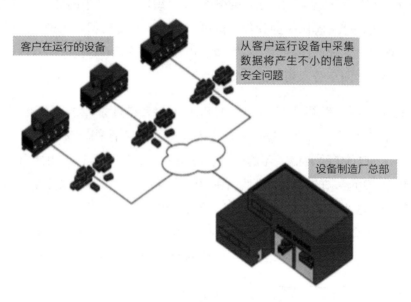

图 2-6　数据共享的信息安全挑战

（来源：OPTO 22 网站）

　　以上这些项目涉及工业互联网的三个主要挑战，即复杂性、信息安全问题和价格昂贵。在项目启动之初这些挑战的范围并不是很明显，而在项目进行的过程中逐渐清晰。看来，任意的工业互联网或数据密集的自动化应用，到最临近结束的时候都会表现出许许多多、相当复杂的信息安全风险和比原来考虑的投资多得多的问题。

　　从网络的边缘获取数据，即从在工厂运行和安装的传感器、执行器，从远程的现场采集大量的数据，并传送到数据库和需要使用这些数据的人员那里，会使工程技术人员畏缩不前。如果要为控制以及监控、数据采集进行双向通信，那就更为艰难。

大多数控制系统和装置采用的通信协议和网络常常是专用的或只在自动化领域中使用的，例如 EtherNet/IP、Modbus、Profibus、OPC 等。但是计算机和移动设备使用标准的以太网或无线网络，以及开放性协议和标准，如 TCP/IP、HTTP/HTTPS、JSON 和 RESTful API 等。将数据在上述两个系统中转换，并传送到需要这些数据的地方，必须经过许多中间环节：计算机、网关、解析程序、客制化的软件、许可授权等。只要数据需传送到外网或非预置的网络，如远程的网络、将智能手机或智能平板电脑接入的互联网，又会增加一些中间环节和相关信息安全的问题。

工业控制工程师熟悉 PLC，也熟悉 PAC。经过多年的不断的使用和改善，增加了过去只有 SCADA 系统才有的功能和性能，又增添了与基于 Windows 的 HMI 的通信，还能够挂在标准的以太网上运行。总之具备了在很多场合下所要求的功能。但是现在面临了新一类的应用要求，是不是能有一种新的方法来消除中间环节和缩减开发步骤，简化与工业互联网的连接和通信呢？是的，现在市场出现了一种新的解决方案可以同时满足自动化和 IIoT 的要求，这就是边缘可编程工业控制器（见图 2-7）。

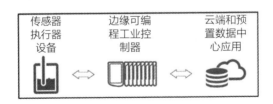

图 2-7　边缘可编程工业控制器的解决方案

（来源：OPTO 22 网站）

2.2.3　边缘可编程控制器是 OT 与 IT 融合的利器

要求一个解决方案能实现 OT 与 IT 双方的相互理解（见图 2-8），需要具备以下的功能：

- 就地将 OT 领域的物理量转换为能被 IT 领域运用的信息安全的通信协议和语言所能处理的数据。
- 处理和过滤海量数据，仅向云发送必要的、供进一步分析用的数据。
- 提供通信接口，提供闭环实时控制要求的处理能力。
- 将上述要求打包成一种能在严酷工业环境下可靠运行的设备，能经受振动、潮湿、环境温度变化和各种频率的电磁干扰。

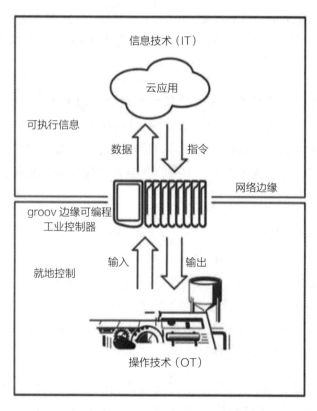

图 2-8　满足 OT 与 IT 融合交汇的解决方案

（来源：OPTO 22 网站）

满足 IIoT 的互操作性应该在边缘设备中具备 MQTT/Sparkplug、TCP/IP、

HTTP/S 和互联网的专用语言 RESTful 的 API；互联网的信息安全技术，如 SSL/TLS 加密和认证。而云基系统必须调用 RESTful API 存取数据，或者使用发布/订阅（Pub/Sub）通信模型（如 MQTT/Sparkplug）从远程边缘设备中获取数据，而无须像目前的工业应用中那样经过较为复杂的层次和转换。

边缘可编程工业控制器（EPIC）虽然不是单纯的 PLC 或 PAC，但它依然提供可编程控制器的标准编程语言：功能块图（Function Block Diagram, FBD）、结构化文本（Structured Text, ST）、顺序功能图（Sequential Function Chart, SFC）和梯形图（Ladder Diagram, LD）。当然也可以通过 EPIC 的开源 OS，运用高级语言（如 C/C++、Java、Python 等）存取和编写应用程序。

这样配备的边缘可编程工业控制器不但能作为 PLC 使用，执行工业装备的控制功能，还可以作为 HMI 进行生产过程的监控，作为供改善工业装备的设计而采集数据的数据库，还可以运行跟踪用户服务的软件，并且可以在线实现人工智能和机器学习的服务，达到预测性维护、消除非计划停车的目标。

OPTO 22 的 EPIC groov 采用开源的 Linux 操作系统、工业 4 核的 ARM 处理器、固态驱动、6G 的用户存储空间；有两个独立的千兆以太网接口和 Wi-Fi 的适配器；整合了高分辨的彩色触摸屏，供系统组态、管理和显示；这种边缘可编程工业控制器还提供各种工业级的 I/O 模块，让用户根据实际需要选用，所有 I/O 模块都可热插拔和支持自寻址；系统可在严酷的工业环境中使用，其工作环境温度宽达 –20℃～ 70℃。

日本三菱电机在 2018 年推出其边缘计算的工业级硬件 MELIPC 系列，同时兼顾设备控制现场的先进视觉技术。该系列的旗舰性工控机 MI5000 将实时设备控制和高速数据采集、处理诊断与反馈集中整合在一台机器中，既可以节省空间，又可以降低构建工业互联网的成本。在软件配置上，MI5000 需要一种能灵活集成经实际验证的分析和诊断应用软件的实时控制平台，经过比较以后它们选择了美国风河的实时操作系统 VxWorks 和 Wind River 虚拟技术的解决方案，达到了实时设备控制和边缘计算合而为一的目标。这里 VxWorks 作为实时的主操作系统，而 Windows 作为客户操作系统构建了 Wind River 虚拟平台的运行环境。MI5000 兼容 CC-Link IE 高速工业以太网。

中国台湾的研华科技最近也推出了 WISE-5000 类似产品，除了边缘计算必需的互联网通信功能和数据采集、处理功能以外，其突出特点是整合了德国 CodeSys 的边缘控制解决方案，集成了运动控制和机器视觉，并配备了长于运动控制应用的工业以太网 EtherCat。

2.2.4　让控制器具有内生的信息安全

物理安全、网络安全以及防止人因信息安全漏洞和隐患是保证信息安全的三个重要方面。其中网络安全是指保护挂在网络上的设备不受伤害，并确保在网上传送的数据不会被非授权的人员和软件所窃取和改变。在一台控制设备中保证网络安全必须具有 5 个信息安全特性，即网络接口、防火墙、数据通信选项、授权证书管理和用户账号。网络接口的信息安全问题源于要求共享的数据越来越多，不能再沿用以往的专用而且价格昂贵的网络，而必须采用来自 IT 的标准以太网和标准协议传递数据。

在系统中设置两个完全独立的网络接口是一种比较简单易行的能确保网络接口安全的方法（见图 2-9），其中一个接口供可信的控制网络使用，连在这个网络的所有设备都是用户可以掌握的可信的设备；另一个接口供不可信网络设备使用，如果在这一网络中发生黑客攻击，不致影响可信网络。

设备防火墙有别于网络防火墙。网络防火墙一般是保护网络和挂在其上的设备以阻断网络外的连接请求，除非这个请求来自安全的端口而且已被授权。但是，如果网络内的设备要求与网络外的设备连接，防火墙应该允许此连接请求。这就是所谓的"出站连接"或"设备发起连接"。在 IIoT 的项目中，一个控制器应该具有可对端口、协议和开放此设备的接口进行组态的设备防火墙。一个有双端口的控制器应具有分别对端口设置打开或关闭的能力，以及分别对协议进行组态的能力。

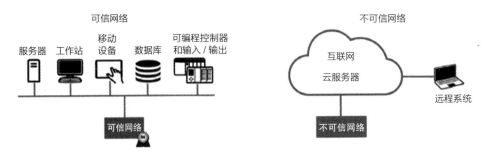

图 2-9　可信网络接口和不可信网络接口

（来源：OPTO 22 网站）

　　为了高效进行装置与系统之间的通信可以考虑不同的数据通信方法，例如采用由设备发起通信的方法。像 MQTT 这样的远程传送协议运用发布 / 订阅（Pub/Sub）的通信机制。如果控制器采用 Pub/Sub，那么发起通信的即是控制器本身。控制器对 MQTT 的 brocker（代理）发起连接（如对预置的数据中心或云），发布数据和订阅数据均通过 brocker。MQTT 原来是为远程的油气装置通信而设计的，针对资产的分布配置和网络连接的可靠性不高等问题设计了通信解决方案。因此与大多数工业通信应用的请求 – 响应机制相比较，其主要优点是优化了通信量、减少了与 IT 的牵连和改善了信息安全。Pub/Sub 机制在发和收两个方向优化了通信量。首先，多个设备之间为了交换数据并不需要相互间直接连接，每个设备只要与 brocker 连接，因而将连接的数量最小化；其次，数据在其发生变化时才发送，即只发送数值有所变化的数据，因此通信量大大减少。由于连接由防火墙后的控制器内发起，IT无须建立专门的防火墙规则或文件，而且也无须管理开放网络的端口。另外，连接是由在防火墙后的可信设备所发起，一旦建立了有信息安全保证的TLS 封装和授权连接，数据即可安全地在两个方向传送。

　　图 2-10 展示了发布 / 订阅机制的运行过程。图的左上端的控制器发布 tank_1_temp value（1 号罐温度值），即刻通过 MQTT 的 brocker 发送给

右侧的数据库、HMI 和移动手持终端，接着移动手持终端发出 heater_1 command（1 号加热器命令），立即通过 brocker 传送给左下端的 1 号加热器的控制器去执行命令。

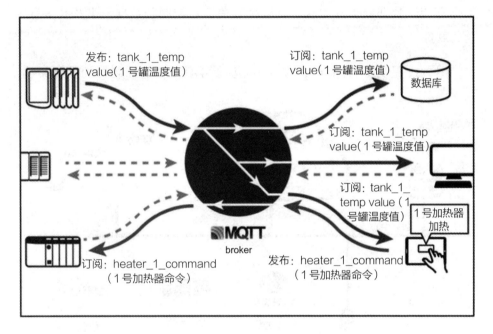

图 2-10　MQTT 协议采用发布 / 订阅机制

（来源：OPTO 22 网站）

如果数据在任意非可信的网络上传送，必须对数据加以封装，而且需要详细检查授权许可。对于 IIoT 项目，数据封装和管理授权许可都是确保更安全网络的必要手段。

一台计算机系统的用户需要用户名和密码才能准入，可是在自动化产品中常常忽视了这样的管理。对挂在网络上且具有 IIoT 功能的控制器，不应设有默许的用户名和密码，只能在组态时才逐一对有关的责任人员和软件进行用户名和密码设置，还需要对这些用户账号的等级加以分类，分别设置允许哪些操作。譬如，操作人员可以对生产过程加以控制，管理者只需要生产数据，云端服务器只要求若干少数的机械设备数据的一个小子集，等等。

2.2.5　边缘可编程控制器的软件架构和配置

边缘可编程工业控制器承担两个主要任务：工业控制器的任务和边缘计算的任务。因此它的软件架构分成两个层次：有关边缘 – 云端的通信、数据存储、数据分析等的软件，以及有关工业控制和数据采集及其信息安全的软件。

图 2-11 是美国 OPTO 22 的 groov 边缘可编程工业控制器的软件架构。

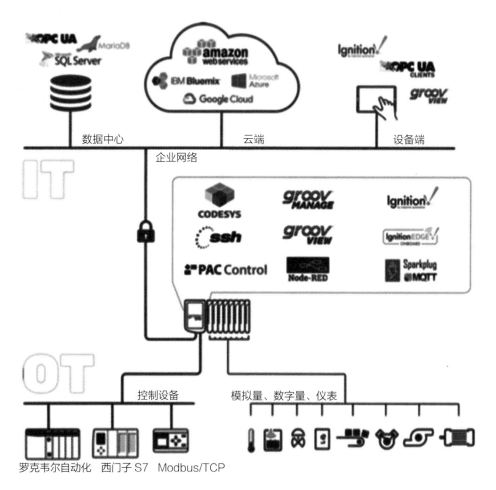

图 2-11　OPTO 22 的 groov 边缘可编程工业控制器的软件架构

（来源：OPTO 22 网站）

图 2-11 中有关边缘 – 云端的软件有的是预装的（如 OPC UA 和 SQL Server），有的是在控制器内的（如 Inductive Automation 公司的基于云计算技术的 SCADA 软件平台 Ignition 和 OPC UA 的 Client），有的是在云端的（如亚马逊的 AWS、微软的 Azure、Google Cloud 等）。有关工业控制和数据采集及其信息安全的软件则处在下层，包括基于 IEC 61131-3 的 PLC 编程平台 CodeSys、按流程图编程的可编程自动化控制器的编程平台 PAC Control、Inductive Automation 公司 Ignition EDGE、Sparkplug MQTT、Node-Red 和 Secure Shell Access（SSH）。

如果按 OT 和 IT 来分，在 OT-IT 边缘有：

- Groov Manage（对控制器进行组态、调试和对 I/O、联网进行故障找寻和排除）。
- PAC Control（流程图编程，有 500 多个英语命令供流程控制、远程监控等使用）。
- CodeSys（基于 IEC 61131-3 的 PLC 编程平台软件）。
- Groov View（对系统进行监控的操作员界面的设计和显示，终端可以是互联网浏览器、智能手机等）。
- Ignition EDGE（将 Ignition 平台扩展到边缘网络，包括作为 IIoT 的边缘发布现场数据、作为边缘的 HMI 面板、用作边缘计算、进行边缘的数据同步服务，以及企业资产管理的功能，还备有西门子、罗克韦尔、Modbus/TCP 设备的驱动程序）。
- Sparkplug MQTT（可用来改善通信效率，减少对 IT 的依赖）。
- Node-Red（用简单流程构建与数据库和云基应用程序的数据交换，并可用 Node-Red 作为 API 接口）。
- Secure Shell Access（SSH）（可用 C/C++、Python 等语言构建客户应用程序，并运行在基于 Linux 的自动化系统中）。

属于 IT 范畴的有：

- 预装数据库 SQL Server。
- Ignition 平台与 IT 有关的环节。

2.2.6　小结

工业企业的数字化转型极大地推动了工业控制和工业互联网的整合集成的发展，边缘可编程工业控制器应运而生。这一工业自动化市场的新品种综合了实时控制、高速数据采集、边缘数据分析和处理、虚拟显示和监控、与 IIoT 高效通信等功能，在很大程度上简化和改善了工业互联网的实现。目前这一新生事物已经有了一些工业实践的支持，在玻璃窑炉的控制、监控，以及数据采集、分析、诊断等方面都取得了实际效果。相信其综合集成的性能一定会在今后的智能制造和工业互联网中发挥更多的作用。

工业互联网下边缘计算体系架构

过去几年中，超过 2000 家工业互联网通用平台以及垂直平台已经覆盖了工业各个领域，而边缘计算产业也是不断地推陈出新。经过几年的发展，目前已经基本形成了"端 – 边 – 云"的新型体系架构。在本章中，我们将一同来探讨工业互联网 + 边缘计算的体系架构、工业 App 的形态、商业模式以及相关标准，带给大家一个对工业互联网 + 边缘计算体系架构的全面认识。

3.1 工业边缘计算体系架构

3.1.1 工业系统体系架构变化

过去十年中，随着计算、储存与通信能力的飞速提升，工业数字化与信息化得以迅速普及。二十多年来，工业系统多数遵循 ISA-95 国际标准。如图 3-1 所示，ISA-95 国际标准为工业系统定义了基于金字塔结构的五层架构。首先，最底层是设备层，通常包含各类传感器以及变频器、伺服等执行器。在设备层之上是控制层，工业自动化系统通常采用 PLC 或者 DCS 作为控制大脑。PLC 以及 DCS 通过工业现场总线与设备层的传感器与执行器连接，形成"传感器状态输入 – 控制逻辑 – 执行器指令输出"的闭环结构。PLC 主要应用于设备控制、运动控制等领域，而 DCS 则主要应用在复杂过程控制中。相对来说，PLC 比 DCS 的执行周期更短，而 DCS 的规模与数据量更加庞大。目前常用的工业控制系统编程语言都遵循 IEC 61131-3 国际标准，2013 年发布了标准的第三版。IEC 61131-3 定义了五种不同的编程语言，可以分为图形化编程语言——LD、SFC 以及 FBD，以及文本型编程语言——ST 和指令表（Instruction List, IL）。其中使用最广泛的是 LD 与 ST 语言，近年来 SFC 与 FBD 也被广泛接受，而 IL 由于更接近汇编语言，目前使用者的数量较少。

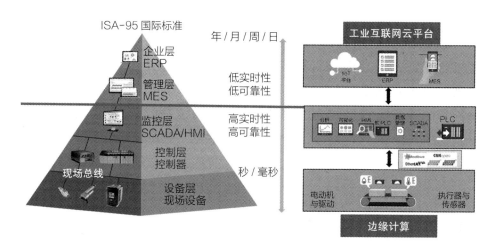

图 3-1　工业互联网边缘计算体系架构变化

在 PLC 与 DCS 之上的是监控层，SCADA 负责与 PLC 或 DCS 进行数据交互。除了过程数据采集功能之外，SCADA 系统一般还提供历史数据趋势、实时与历史警报、图表报告、人机交互界面等功能，并且支持下发参数到 PLC 或 DCS。SCADA 系统的实时性要求一般在秒级，通常每个车间都需要安装一套来保证系统运行。在监控层之上的则是管理层，通常工厂使用 MES 负责工厂制造数据管理、生产计划排程、生产调度管理、仓库管理、质量管理等功能。最后，金字塔的顶层是企业资源计划（ERP）系统，通过对企业全方位信息的汇总与优化，提升企业管理效率，降低成本，具有较大的经济价值。MES 与 ERP 系统对实时性与可靠性要求较低，更加接近 IT系统。

基于 ISA-95 国际标准金字塔架构的工业系统同样存在许多弊端。首先，不同层级间的信息传递十分困难。例如，当 ERP 系统需要读取一个工厂内的传感器数据时，由于无法直接进行数据交互，ERP 系统必须穿过层层系统。ERP 系统需先向 MES 发送数据请求，MES 转而向 SCADA 系统转发请求，SCADA 系统则需要从相应的 PLC 或 DCS 查询传感器的最新数据，最后 PLC 或 DCS 则负责从传感器读取最新数据并依次返回给 SCADA 系统、MES，最后才能抵达 ERP 系统。试想一下如果在大型系统中，当数千个参数以这种方式传递时，整个信息的传递过程不但耗时且效率非常低下，会造成大量计算与通信资源的浪费。

其次，"专机专用"的软件无法适应工业互联网 + 边缘计算模式下大规模定制化生产的需求。在工业互联网平台的支撑下，客户可以根据原料、工艺、价格等多方面的因素对产品进行定制。边缘端则需要根据不同的订单要求动态配置组合工业现场资源以完成生产任务。然而，现有的工业系统架构面对定制化需求需要进行长时间停机调试，在效率与成本上都无法满足需求。

最后，边缘端不同设备间目前也缺乏有效协作手段，无法对不断变化的生产状态进行实时动态调整。基于 ISA-95 体系架构的系统仅仅提供了纵向集成手段，面对横向集成，尤其是异构设备间以及子系统间的协作并未涉及。现实情况是每家厂商拥有自己的标准与技术手段，使得不同边缘设备间协作十分困难，目前缺乏一套标准化的手段来解决兼容性问题。

因此，工业互联网对边缘计算软件提出了全新的智能化需求。如果说边缘计算是智能制造的基石，那灵活的软件体系就是支撑边缘智能计算的核心。边缘计算同时也是传统工业由自动化向信息化与智能化发展的重要手段。在边缘计算的推动下，传统工业现场设备的软件系统势必发生翻天覆地的变化。

3.1.2　工业互联网云平台 + 边缘计算下的软件新需求

工业软件是企业生产过程实现自动化与信息化的关键，涉及设计、工艺、控制、监控、通信、管理等产品全生命周期的各个环节。工业软件往往需要根据过程控制、运动控制等不同行业工艺要求进行定制，以提升企业生产效率与产品质量，并优化配置资源。定制化需求也对边缘计算软件提出了许多新的要求。

首先，边缘计算下的工业软件必须具备快速响应需求变更的能力，软件必须根据定制化需求或现场环境变化来动态重构自身形态，边缘计算系统或设备针对这些需求变更并自主调整，以实时优化生产过程。动态重构是柔性化生产的重要特征，柔性化生产的成熟度可以分为三个等级：第一级的动态重构可以根据需求变更调整工艺参数，但无法调整代码功能，由于受限于固化的生产过程以及工业基础设施与架构，第一级的动态重构仅能满足一部分简单的定制要求，例如在轧钢过程中实时监控并调整各种控制参数，从而消除在生产过程中出现的因随机故障造成的钢板质量问题；第二级的动态重构在调整工艺参数的基础上，同时应该具备从预先设定的功能集合中动态组合更新生产过程的能力，从而满足定制化需求，比如在离散制造中通过组合不同的工位形成新的工艺流程，虽然通过不同组合可以在一定程度上实现产品的定制化，但是仍然缺乏面对未知情况的应变能力，无法做到真正的"随心所欲"；第三级的动态重构则不但能完全按照客户需求对软件动态重组，而且能在无须人工干预的情况下应对未知情况，从而实现大规模定制化生产。

其次，工业边缘计算应用软件必须具备在任意平台之间迁移的可移植能力。工业软件的兼容性是多年来一直困扰着业界的难题。以工业控制软件为例，虽然绝大数厂商都推出了支持 IEC 61131-3 标准的编程软件，但是来自不同厂商的软件产品相互之间并不兼容，假设一家企业基于某厂商的软件产品开发了大量的应用软件，这些代码很难被移植到其他厂商的平台上。一方面，各厂商为了保护自己的知识产权与行业优势设置了壁垒；另一方面，对标准理解的差异与实现路径各不相同，造成完全一样的代码在不同的平台上运行也可能产生不同结果，从而造成软件执行结果的不确定性。

最后，工业边缘计算应用软件必须能够实现多个边缘节点间的互联互通与互操作。现有的工业控制器与端侧设备通常使用工业现场总线来进行通信，而每家厂商都研发了专属的总线协议并定义了相应的标准。目前，常用的工业现场总线协议就有二十余种，如此多的总线协议造成设备间无法正常进行信息交互。即使设备与设备间使用相同的现场总线，也存在信息模型交互困难。控制系统与监控管理系统的通信通常使用 OPC 技术。近年来，OPC UA 的推出为实现设备间的互操作提供了通用信息模型，且定义了通用的访问方式。尽管如此，工业边缘计算仍然需要一网到底的统一网络来真正实现端 – 边 – 云的协同。

综上所述，在工业互联网边缘计算的推动下，软件定义的工业边缘计算须向新的体系架构进化，以满足大规模定制化生产的需求。

3.1.3　微服务架构与工业边缘计算

云计算的普及推动了服务计算的发展，微服务架构在云计算时代已经成为主流软件架构。微服务架构从面向服务架构（Service-Oriented Architecture，SOA）发展而来，面向服务架构有着松散耦合的特性，通过设计可重用的服务以及标准化的接口管理来提升系统的灵活性。如图 3-2 所示，SOA 架构通常可以用三角关系来描述，主要分为三个部分，分别是服务提供方、服务需求方以及服务源。服务提供方将自己所提供的服务内容、访问方式等内容写入服务合约中，并将服务合约发布到服务源。服务需求方当需要某项服务时，会先向服务源发送查询请求，当服务源匹配到合适的服务提供方时，会将此服务合约发送给服务需求方。需求方根据服务合约所约定的访问方式动态创建与服务提供方的连接。SOA 采用迟绑定，即当需要请求软件服务时，供需双方才建立实时连接，当执行完成时，会断开连接来节省资源。

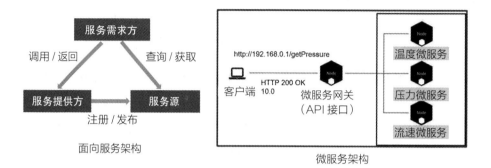

图 3-2　面向服务架构与微服务架构

微服务架构（Microservice Architecture）在 SOA 的基础上发展而来，微服务业务逻辑更加细微，并且使用分布式管理。不同于 SOA 的三角关系，微服务架构通过 API 网关的形式将所有函数接口封装成系统的唯一入口，并且基于 HTTP REST 调用 API 访问函数。SOA 架构适用于着重集中管理的大型系统，而微服务则更加适用于需要频繁更新的小型系统。

具备松散耦合特性的微服务架构能够满足边缘计算下对软件的柔性需求，然而要将微服务架构部署在工业系统，依然有些必须解决的问题，例如：

- 服务需求方如何确认提供的服务符合自己的工艺要求？
- 服务需求方如何查找并获取所需要的服务？
- 服务提供方如何保证微服务应用的安全性与可靠性？
- 服务需求方如何快速编排微服务来组合调用多个微服务？

因此，我们可以将面向边缘计算的微服务应用分成两个部分，即核心微服务以及扩展微服务。其中，核心微服务通过提供搜索来获取其他微服务信息，实现服务提供方与需求方之间松散耦合的交换、微服务授权机制以及自动编排微服务等功能来支撑工业边缘计算应用，也是工业边缘计算核心框架的必备特性。

扩展微服务则完全取决于第三方开发者，只需符合核心微服务提供的标准接口协议即可。在工业边缘计算系统中，每个节点都可以作为微服务的提供方，同时也可以是需求方。每个边缘节点根据自身资源条件限制来运行不同类别的微服务，例如计算能力较弱的传感器可以提供各种温湿度、振动、到位等信息，而执行器（变频器、电动机等）则根据指令驱动硬件，此类应用功能较为单一。计算能力较强的控制器则可以根据各种传感信息提供逻辑运算、反馈信号，此类控制服务则同时需要传感服务提供的数据以及调用服务来完成整个控制流程编排。在工业边缘计算系统中，既有类似于物联网传感等基础微服务，也有需要节点间信息交互的组合型服务，以及通过对基础微服务进行实时编排来实现的复杂功能，例如嵌入式机器学习服务可以根据传感器数据来对产品质量进行实时分类，复杂的服务编排往往需要云平台的储存与计算能力，因此此类边 – 云协同应用有着广泛的应用前景。微服务化的工业边缘计算应用软件的实现路径有很多，但目前常见的 HTTP REST 等形式难以满足工业系统实时性与可靠性的要求。

在工业互联网的参考架构中，微服务同样占据很重要的地位，不同的微服务通过编排来共同完成复杂工艺流程，组成适用于不同场景的工业 App。这几年工业互联网平台所推出的工业 App 本质上是工业软件的服务化。与传统手机 App 终端与云端互动的架构所不同的是，工业 App 的形式不仅仅是简单的设备与云端的连接，也可以由多个不同设备与云端协作完成。而边缘计算则是工业 App 的重要落脚点之一，设计与管理类的工业 App 可以仅在云端运行，要让工业互联网发挥更大的经济价值，需要直接连接云端与生产系统，根据反馈数据做出实时优化调整。因此，工业边缘计算微服务应用的规模既可小到一个工位的控制，也可以大到整条产线或者车间的控制系统。多个工业边缘计算应用之间通过协作也可以形成更大的子系统（System of Systems），使用统一的微服务架构的工业边缘计算系统相对于现有的基于 ISA-95 架构的系统拥有更强的延展性、灵活性与较强的兼容性。

3.2   工业软件新形态——工业 App 与工业应用市场

3.2.1   工业边缘应用新模式

工业边缘计算需要利用设备节点的计算、储存、网络资源，协同完成高可靠、低延迟的实时控制、数据处理、完全防护等任务。工业互联网＋边缘计算在离散制造、运动控制、流程工业等领域都有着广泛的应用前景。随着边缘计算的崛起，现有工业自动化体系架构将发生根本的改变，目前基于 ISA-95 的结构逐渐向工业云＋边缘计算系统的形态转变。在新的体系下，工业软件从最上层的 ERP、PLM、客户关系管理（Customer Relationship Management, CRM）等管理类的系统软件一直到边缘侧的工控软件都将发生模式上的根本转变。在 ISA-95 的传统模式下，信息交互往往只在相邻的层级之间进行。例如，ERP 系统只与 MES 直接对接，而 MES 也只与下层的 SCADA 系统以及上层的 ERP 系统进行交互。当最底层新增的传感数据需要与最上层的 ERP 系统交互时，需要对数据链路上的每一个系统进行修改，造成系统开发与维护的效率低下。在系统规模日益庞大、交互功能复杂的情况下，软件开发与测试的时间将成倍增长，其成本逐步超过项目硬件成本。

在工业互联网＋边缘计算的新模式下，工业软件的开发模式将从传统的桌面应用向基于微服务的工业 App 过渡。工业软件根据实时性、可靠性与数据量的需求分为云端或者边缘端应用两类。计算机辅助设计（Computer Aided Design, CAD）、计算机辅助工程（Computer Aided Engineering, CAE）、ERP、MES、PLM、CRM 等传统工业设计、运营管理类软件由于功能众多、体积庞大、数据复杂、实时性要求低、扩展性要求强，适合以工业云为载体进行服务化升级转型。以 ERP 和 MES 为例，此类系统由大量的软件模块组成，包括销售、需求计划、供应链管理、计划与执行、库存、财务会计、人力资源、仓库管理、采购、品质管理等。由于工业系统更具有很强的行业特性，不同行业、不同生产模式的企业对此类系统的需求有着极大的差异，特别是 MES 往往都需要进行定制化开发。因此，将每个模块单独封装为功能模块，然后通过编排部署到云端，可以满足不同企业的深度定制化需求，大幅度减少由于频繁升级造成的庞大工作量。定制化的工业 App 相对于全功能大型软件也可以减少企业在此类软件上的投入，节省开支，避免造成资源浪费。

而 SCADA、HMI、PLC、DCS 等生产控制、装备嵌入式软件对实时性与可靠性要求极高，一般软件较为封闭而且功能较为单一。例如，运动控制等领域的响应时间甚至需要控制在 1ms 之内，然而与云平台的通信时间远超这个时间，以至于在与云端握手的一个通信周期内，控制代码已经运行了几百个周期，此类工业 App 更适合以边缘计算为载体运行，以容器化等手段保证设备资源不受影响，从而确保系统的实时性与可靠性。随着芯片技术的不断进步以及储存价格的下降，目前单个边缘计算节点的计算与储存资源已可承担多个实时性要求较高的工业 App 同时部署与执行。

软件形式的改变带来的是开发模式的变革。如图 3-3 所示，在以微服务为基础的工业 App 的开发流程中，开发者可以使用任意语言编程，比如使用工业控制用的 IEC 61131-3 ST、LD 等，也可以使用高级语言 C/C++、Java、Python 等来编写工业边缘 App。开发完成后，可以通过打包为容器上传到工业云平台的边缘 App 商店中，保证系统与平台的可移植性。而系统集成商或工程师则无须编写任何代码，直接从工业边缘 App 商店中选择所需的微服务应用，并且编排与配置部署模型，最后下发到边缘设备节点中。工业边缘计算设备则通过云平台赋能的方式来定义每个节点的功能职责以及软件交互。容器化微服务应用具有的高灵活性带来的不仅仅是设备间的任务调配，更能通过整合边缘资源有效降低成本，提升设备利用率与安全性。当然，受现有工业现场总线以及设备物理位置所限，目前部署方案受到一定的限制。TSN、确定性 IP、工业 Wi-Fi、5G 等新一代有线与无线网络技术普及后，将能给工业云 + 边缘计算系统的架构带来更大的柔性。

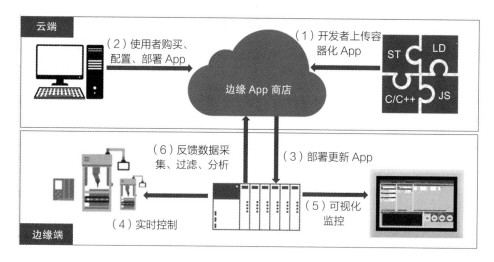

图 3-3   工业互联网云平台 + 边缘计算软件开发流程变革

工业边缘计算 App 种类繁多，除了包含传统的实时控制、运动控制、现场总线通信、人机界面等功能外，还融合了数据采集与处理、机器视觉、生产管理、运营维护等创新性应用。无论是侧重于 OT 还是侧重于 IT 的工业边缘 App，面向异构平台都需要多种 OT 与 IT 语言的混合设计。显然传统基于桌面应用的工业软件开发方式无法满足工业边缘计算应用轻量、灵活与协作的特性。

欧盟早在 2017 年就开始对此问题展开研究，例如图 3-4 中列举的 Horizon 2020 的 DAEDALUS 项目的架构，为支撑信息物理系统设备间协作，围绕 IEC 61499 标准，使用面向对象的模块化设计方法对现场中各种设备进行封装，通过基于 IEC 61499 的集成开发环境与自动化 App 商店提升应用与算法的复用性，目标是建立以自动化开发者、设备与零件供应商以及系统集成商为核心的生态圈。此外，由几十家厂商组成的开放过程自动化联盟（OPAF）同样以开放标准来整合 MES、DCS、HMI、PLC 以及 I/O 功能，基于模块化设计实现过程控制系统的开放性以及互操作性。

工业互联网平台要发挥赋能边缘节点的作用，除了数据上云之外，更加重要的是通过提供通用的建模语言与软件工具形成闭环，协助研发以及现场工程师高效地将 Know-How 转变成工业边缘 App,无须具备全栈专业知识的工程师也能快速地开发、部署与调试工业边缘 App,从而真正实现工业互联网价值落地,填补工业互联网关键核心技术空心化的问题。

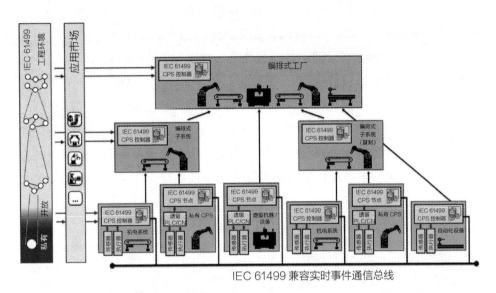

图 3-4　欧盟 Horizon 2020 DAEDALUS 项目架构[⊖]

3.2.2　面向工业边缘 App 的统一建模语言 IEC 61499

微服务架构的软件设计方法通过定义统一的模块接口来实现模块间相互关系的松散耦合,使得由不同编程语言、操作系统与硬件平台实现的应用模块通过统一编排来完成特定功能,解决了不同系统之间应用数据交互的难题,从而提升了软件复用性。不同于 SOA 更加适合开发大型企业级应用,微服务架构更能满足针对某个特定领域的定制化需求,并具有易更新、易扩展等特点。工业边缘计算系统涉及领域众多、通常由异构设备组成等特性完全符合微服务架构的特征,因此,微服务是工业边缘 App 设计范式的最佳选择。

⊖　参见:https://cordis.europa.eu/project/id/723248。

　　随着工业边缘设备计算、储存与通信能力的不断提升，工业边缘计算节点除了能涵盖原 ISA-95 架构中的设备层、控制层以及监控层的应用，还能支撑视觉检测、运动控制、数据采集与处理、生产管理等新型工业边缘应用。如图 3-5 所示，工业边缘 App 可以分为三个类型：独立微服务 App、分布式微服务 App 以及边 – 云协同微服务 App。独立微服务 App 通常适用于单一功能应用的微服务（例如数据采集等），或者包含实时控制以及监控的小型控制系统（例如包装机等），此类工业边缘 App 通常只需一个节点即可完成所有任务。分布式微服务 App 通常需要多个节点协同来实现复杂任务，例如大型物流系统或者复杂过程控制系统。边 – 云协同微服务 App 则是针对类似于大数据处理或者深度学习等无法完全依靠边缘计算实现的新型混合系统，需要利用云平台的计算与储存能力来协助实现生产过程中的在线实时优化。

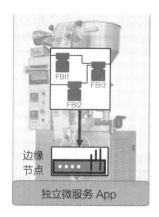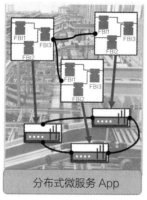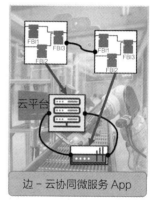

图 3-5　工业边缘 App 分类

　　工业边缘 App 通常是由多个微服务组合而成的，例如一个 PCB 质量检测的产线由实时控制、运动控制、人机界面、机器视觉、数据采集、深度学习等多个功能组成，而每个功能则由不同的编程语言所开发。例如，实时控制通常采用基于 IEC 61131-3 的逻辑控制，运动控制多基于 G 代码，而机器视觉则采用 Python 或者 C++ 等高级语言。如果将每个功能看作独立的微服务，为将各种微服务组合编排，需要使用一种统一的建模语言。而 IEC

61499 功能块系列标准提供了系统级可执行的建模语言，能满足工业边缘 App 的统一封装编排需求。IEC 61499 标准提供了基于事件触发功能块的标准封装方式，为对包含 IEC 61131-3 等 OT 编程语言与 C++ 等高级语言进行统一封装提供抽象模型。除此之外，标准中还提供了基于功能块网络的应用模型、资源模型、设备资源、管理模型、系统配置部署模型等完整的软件模型来支撑微服务的复用性与可移植性。

如图 3-6 所示，将每个功能块看作独立的微服务，而功能块接口则是调用 API。功能块网络将各个模块通过控制流与数据流整合，形成一个或者多个应用程序，通过 IEC 61499 定义的部署模型将应用程序映射到不同的边缘计算节点上，从而能够实现系统级工业边缘计算应用的统一建模设计。与 UML 等建模语言不同的是，IEC 61499 提供了完整的功能块语义，因此功能块网络能够被直接部署与执行，从而减少了从建模语言到可执行代码的转换，避免了由于模型转换造成的效率问题，从而提升了复用性。目前施耐德电气 EcoStruxure Automation Expert（EAE）以及国产海王星模块工匠 Function Block Builder（FBB）等 IEC 61499 集成开发环境与运行时系统已经初步具备了应对工业边缘计算混合设计的能力。

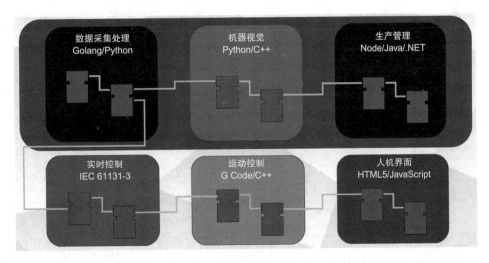

图 3-6　基于 IEC 61499 的 OT 与 IT 混合应用设计

3.2.3　轻量级容器化工业边缘微服务应用的运行环境

微服务通常通过容器的方式来部署分发，容器可以保证微服务的独立运行环境，同时将设计时使用的依赖库文件与操作系统一同移植，可以有效减少由于开发环境与部署环境的差异而造成的问题。现有的 Linux 容器主要有 Docker、LXC/LXD 等选择，通过 K8S 等软件来管理容器。然而目前所有 Linux 容器都是为 IT 应用设计的，对计算与储存能力有限的工业边缘计算节点而言，这些容器都过于臃肿。特别是面向工业实时控制等高实时性、高可靠性要求的传统 OT 应用时，目前容器在更新时间、文件大小以及操作性等关键方面与工业现场实际需求还存在较大的差距，工业边缘计算的轻量级容器化运行环境仍然是待解决的重要问题。

基于 IEC 61499 的微服务化工业边缘 App 同样需要轻量级容器化的运行环境支撑。如图 3-7 所示，以 Linux 容器为基础，将每个微服务作为单独容器封装，容器依次将 IEC 61499 微服务运行环境、所需要的编程语言支撑环境以及基于 IEC 61499 的应用程序加载，最后通过 IEC 61499 功能块网络将不同微服务之间串联起来形成工业边缘 App。当需要对工业边缘 App 重新编排时，仅需对微服务调用顺序进行重新编排，无须对容器进行修改；当需要对单一微服务进行更新时，则只需要对容器内的应用程序重新部署即可，而无须影响其他微服务以及整个系统的运作。通过容器化封装的微服务可以实现软件与硬件的完全解耦，从而显著提升边缘计算系统的灵活性。

当工业边缘 App 开发完成后，最后一步需要将工业边缘 App 从公有云或者私有云部署到边缘计算节点上。容器化工业边缘 App 能保证从开发环境部署到生产环境的一致性，开发者将封装完成的容器上传到云端的工业边缘 App 市场，系统集成商或者设备制造商可以根据需求从云端购买相应的工业边缘 App，并且通过简易配置部署到边缘计算节点。在这方面国内已经有了非常不错的基础，华为已经实现了边 – 云协同的容器交易、配置，以及从云端向边缘端的部署，当基于 IEC 61499 实现对微服务的统一编排与管理融合后，快捷地远程部署调试将不再是梦想。

图 3-7 基于 IEC 61499 的工业边缘 App 容器化运行环境

高效设计 OT 与 IT 融合的工业互联网边缘计算应用一直是制约工业互联网价值落地的关键技术之一。将 IEC 61499 功能块标准与微服务、容器化融合能够赋予工业边缘 App 软硬件解耦的能力，使其适用于拥有不用计算、储存与通信能力的边缘计算节点，提升系统的灵活性、互操作性与可移植性。当基于微服务、轻量级容器以及 IEC 61499 的工业边缘 App 与确定性 IP 网络、TSN 等网络紧密结合时，工业互联网边缘计算将发挥其真正的价值。

3.3 工业边缘计算标准化进程

在工业互联网 + 边缘计算体系下，节点与节点间的智能管控已经成为必不可少的部分。一个边缘计算节点除了承担计算、储存、通信功能外，还应该具备任务管理、数据管理、数据分析等功能。此外，由于工业系统对可靠性与安全性的特殊要求，因此不能完全依赖基于云计算的决策机制。工业现场生产系统即使在与工业云断开连接的情况下也应能保证正常生产，因此也更加凸显边缘计算在工业互联网的重要性。在 2018 年边缘计算产业联盟峰会上，边 – 云协同的概念被作为边缘计算参考架构 3.0 的主要亮点提出。在工业互联网边缘计算框架下，工业系统可以选择边 – 云协同的模式，包括公有云 + 边缘计算系统或者私有云 + 边缘计算系统，当然也可以选择仅由边缘计算系统支撑。在任意一种模式下，都需要对现有的设备节点进行管控。然而，目前的工业互联网边缘设备百花齐放，而工业是典型的需要标准化的领域，因此需要定义标准协议与规范来约束边缘计算节点的管理、边缘端数据的处理、边 – 云协同机制等关键问题。

IEEE P2805 边缘计算节点系列标准孕育而生。IEEE P2805 系列标准是由 IEEE 工业电子学会标准专委会（Industrial Electronics Society，Technical Committee on Standards）建立的边缘计算节点相关的系列标准，目前已经获得 IEEE 标准委员会批准立项的共有三个部分：

- P2805.1 边缘计算节点自我管理协议。
- P2805.2 边缘计算节点数据采集、过滤与缓存管理协议。
- P2805.3 边 – 云协作机器学习协议。

如图 3-8 所示，三部分协议相辅相成，共同形成完整的边缘计算智能管控体系。

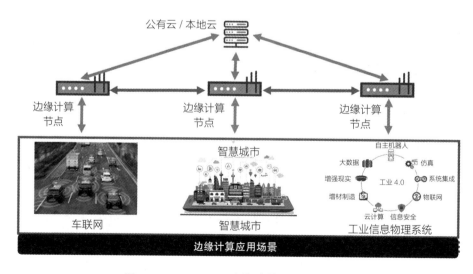

图 3-8　IEEE P2805 边缘计算节点系列标准

3.3.1 IEEE P2805.1 边缘计算节点自我管理协议

IEEE P2805.1 边缘计算节点自我管理协议主要面向多个边缘计算节点之间的自组织、自配置、自恢复和自发现等相互协作机制相关协议。随着边缘计算节点数量的增长，边缘计算节点网络和分布式应用程序的管理将成为巨大的挑战。此部分管理协议的建立针对边缘计算节点间分布式应用的部署，降低用户的部署复杂度，实现设备的即插即用。在靠近数据源的边缘端做出决策，可以减少由于通信延迟带来的实时性问题。边缘计算节点根据反馈数据进行实时分析，依据当前信息以及知识做出决策，并且对执行进行实时干预，例如改变执行的动作或者参数等。当前，边缘计算节点发现、标识、协作等消息传递和安全性机制并无统一定义。因此，此部分标准将制定对边缘计算节点软硬件的两部分管理方法，硬件管理部分包括：

- 边缘计算节点注册、更新、查找、删除机制。
- 查询其他节点的计算、储存以及通信资源使用情况。
- 远程启动、停止节点。

软件管理部分则包括：

- 在边缘计算节点上创建、更新、查询、删除应用。
- 分布式更新应用以及故障诊断。
- 在边缘计算节点上设置数据的权限、隐私、所有权。
- 支撑边缘计算节点间的扩展性与负载平衡。
- 在边缘计算节点间共享文件。

3.3.2 IEEE P2805.2 边缘计算节点数据采集、过滤与缓存管理协议

IEEE P2805.2 边缘计算节点数据采集、过滤与缓存管理协议包括可编程逻辑控制器、计算机数字控制器（CNC）和工业机器人控制器等不同设备进行数据采集的协议，定义了从云端或者其他边缘节点来获取数据的相关协议。当前的数据采集缺乏统一的接口，导致大量重复工作，因此必须引入可

重配置的数据规则，例如定制化数据采集周期、频率，数据格式转换和过滤无效数据等功能，并根据工业云或者其他边缘计算网络节点下发的规则对通过不同接口获取的现场设备数据进行自动缓存、过滤和计算。通过数据预处理操作，可以实现在将数据转发到工业云或者其他存储空间之前，对其进行清洗与压缩，以便能够对历史数据进行高效分析，优化生产工艺流程。这部分标准的主要内容包括：

- 定制化数据采集（包括分组、周期、频率、质量等）。
- 数据过滤清洗。
- 数据恢复。
- 数据分区。
- 数据缓存。
- 数据预处理算法下发。
- 数据完整性与来源检测。
- 自定义数据类型。

3.3.3　IEEE P2805.3 边 – 云协作机器学习协议

IEEE P2805.3 边 – 云协作机器学习协议制定了如何使用边 – 云协同的方式在多个边缘计算节点上运行机器学习的机制。该标准为在低功耗、低成本的嵌入式设备上实现机器学习算法提供了实施参考。目前，尚无标准化协议来协调边 – 云协同的机器学习。例如，多边缘计算节点协同训练、数据或模型共享、基于机器学习模型和实时数据来判断是否更改节点控制流程，或者甚至向工业云、其他节点发送警报。此部分的标准包含：

- 提供边缘机器学习、边 – 云协同机器学习等模式。
- 提供分布式机器学习模型参考。
- 提供分布式机器学习训练方法参考。
- 下发部署已训练好的机器学习模型。
- 在线优化。

- 边缘计算节点推理。

在工业互联网＋边缘计算架构逐渐普及的情况下，边缘计算系统的软件开发模式即将产生巨大的改变，边缘计算节点相比以往能够提供大量全新智能应用。目前的边缘计算在相关标准的制定上已经落后于市场实际需求。因此，IEEE P2805 边缘计算节点系列标准以解决边缘端智能数据与设备管控为目标，通过定义自我管理协议，数据采集、过滤与缓存管理协议，以及边 – 云协作机器学习协议来实现设备赋能。在边 – 云协作的模式下，边缘计算在工业互联网、智慧城市、自动驾驶等领域一定能发挥更大的作用。未来 IEEE P2805 工作组也将针对边缘计算安全以及其他应用场景进行标准化工作。

第 4 章 ┊ Chapter 4

工业边缘计算关键技术

4.1 下一代工业边缘通信技术

4.1.1 工业以太网一网到底的发展

1. 工业以太网完成一网到底和一网到顶的迫切性

由工业 3.0 向工业 4.0 演进，在自动化领域主要会发生 4 个变化：

- 现场 I/O 的量大为增加。
- PLC 的控制功能转向分布式控制节点（DCN）和虚拟 PLC。
- 采用集中监控和集成型 MES（分布式 MES 功能）。
- ERP 与其下层的 MES 和以就地自动化云的形式出现的控制系统的交互增加。

这些变化促使由工业 3.0 时代的自动化金字塔体系架构向工业 4.0 时代的自动化支柱体系架构演进（见图 4-1）。显而易见，所谓支柱就是由底到顶

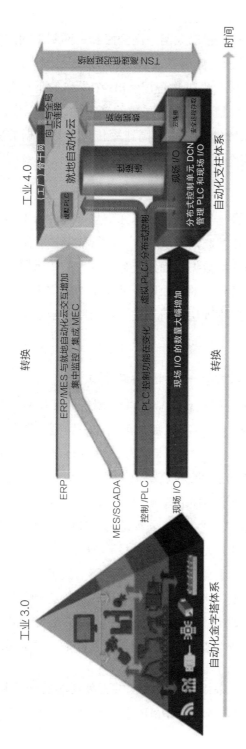

图 4-1　由自动化金字塔体系架构向自动化支柱体系架构演进
（来源：BELDEN 网站）

和由顶到底的连接性。只有采用以太网一网到底和一网到顶的支撑手段——时间敏感网络（TSN）的高速及低延迟，以及单对双绞线以太网（SPE）电缆的低成本及灵活部署的特性和先进物理层 APL 在严酷工业环境下长距离传送，才可能保证在满足底层控制和数据采集的确定性、低延迟要求的同时，依然能够满足上层信息系统的高带宽、高速率传送大量数据的要求，让这两种在时间响应尺度上完全不同数量级的通信要求可以统一在同一个网络架构中。

工业以太网的应用在这几年发展如此迅速，从市场的需求驱动分析，这无疑是由于智能制造和工业互联网发展的推动。智能制造和工业互联网急需大量低成本的传感器检测现场数据，而这些数量巨大的传感器又需要通过低成本的连接将数据接入一网到顶的以太网。从技术的支撑来看，与单对双绞线以太网电缆的问世、先进物理层的研发突破以及时间敏感联网技术的进步有着密不可分的关系。

2. 工业自动化系统中以太网一网到底遭遇瓶颈

十多年前当以太网在我国流程工业和离散制造业开始获得广泛应用的时候，有一些从事自动化应用的工程师提出了"一网到底"的设想。不过拦路虎出现在现场层，以太网不能满足现场仪表的连接要求。仅以流程工业为例，多少年来数以千万计的现场仪表，一直都是通过一对双绞线传送 4 ～ 20mA 的直流模拟信号。即使出现了现场总线，用得最普遍的 HART 仍是在模拟信号上叠加了数字信号；FF 虽然是 32.15kbit/s 的数字信号，仍然沿用现场仪表最显著的特性，即一对双绞线既作为信号传输线，又作为设备的供电线。以太网的多线制到此不得不停滞不前了。更何况现场的仪表电缆纵横交错绵延数百米甚至上千米，这也是当时的以太网物理层的技术难以逾越的。再看工业以太网在离散制造业的应用，出现了至少十几种的通信协议，能不能都在一根以太网电缆上完成传输相容，也是一时难解的问题。

图 4-2 表述了流程工业采用以太网由云端直到现场的一网到底的场景。处在 L4 层的 ERP 和处在 L3 的 MOM/MES，已经建立了标准以太网的解决

方案；处在 L2 层的监控层（操作站、工程师站和工厂资产管理等）和处在
L1 层的控制器已经建立了基于工业以太网的解决方案。但是在现场层 L0，
以太网的性能仍然无法替代现场总线将大量的现场传感器和执行器联网。这
一处在边缘的鸿沟已经横在工业自动化领域十几甚至二十年了。工厂自动化
和汽车工业等其他工业领域也同样呈现出图 4-2 这样的场景。这一非以太网
的解决方案（如现场总线或点对点的 RS 485）虽然可以增强工业以太网向现
场延伸，但是必须在边缘设置网关，执行这两个网络从物理层到应用层各个
层级的转换。

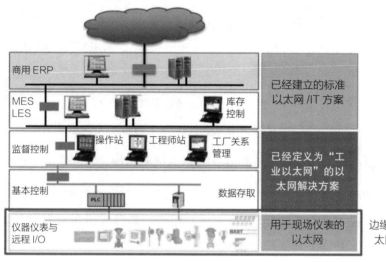

图 4-2　流程工业以太网一网到底的场景

（来源：ODVA 网站）

毫无疑问，通过网关将异构的网络联网增加了整个通信系统生命周期的
成本。考虑到目前现场总线的标准众多，工业以太网的标准也同时存在多
种，采取通过网关来解决异构网络的通信，给用户带来了成本负担、认证
负担和维护负担。加之掌握现场总线技术的工程师远不如掌握以太网技术
的多，所以从降低成本来看，出路还是要寻求现场运用以太网的解决方案。
经过一定的努力，以众多的现场总线为基础，开发了一些工业以太网的方

案，但仅仅实现了部分的升级，如图 4-3 所示（图中的排列不是一一对应），
Profibus DP 升级为 Profinet，DeviceNet 升级为 EtherNet/IP，HART 升级为
HART-IP，Modbus 升 级 为 Modbus TCP/IP，CC-Link 升 级 为 CC-Link IE，
等等。

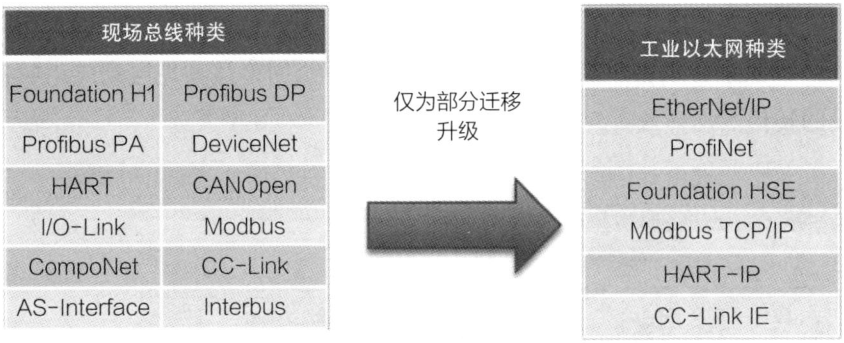

现场总线种类		仅为部分迁移升级	工业以太网种类
Foundation H1	Profibus DP	→	EtherNet/IP
Profibus PA	DeviceNet		ProfiNet
HART	CANOpen		Foundation HSE
I/O-Link	Modbus		Modbus TCP/IP
CompoNet	CC-Link		HART-IP
AS-Interface	Interbus		CC-Link IE

图 4-3　由现场总线向工业以太网升级

（来源：Industrial Ethernet Book 网站）

在现场层和控制层的边缘依然存在着以太网的鸿沟。

传输距离是首要关注点。采用双绞线传输的以太网最长距离在 100m 以
内，与流程工业要求的 1000m 相距太远。即使用玻璃光纤可以延伸传输距
离，但增加了安装成本和接口的复杂性。塑料光纤的传输距离与双绞线的传
输距离相同，况且采用光纤还不能满足在传输信号数据的同时直接用同一根
电缆传输电源功率。在现场边缘存在特殊要求的场合（例如要求防爆的场合）
就要求包括通信在内的解决方案，必须优先满足本质安全的特殊要求。对于
符合本质安全的认证规范也需要继承防爆环境共同的实践规范 FISCO。

另一个关注点是供电配电与信号传输共享同一传输线的要求。应用于现
场层的以太网一定要继承流程工业延续几十年的信号传输和供电的二线制的
优点。

对于体积和形状相当轻巧的传感器、现场仪表，与其配套的电缆和接插

件的尺寸和重量也应该匹配。如果要替代现场总线，用于现场层的以太网的
成本也应该具有竞争力。这些也是用户不可或缺的关注。

总的来说，如果不解决以往以太网难以用于现场的那些缺点和不足，由
现场层一网到顶的设想就不可能实现。

3. 以太网技术和市场的突飞猛进

近十年来以太网技术的进展令人刮目相看。SPE 和 TSN 技术的进展为
工业自动化提高控制的精确度和提高生产率的飞跃提供了基础条件，也正在
推动在工业环境下让所有的联网组件实现工业互联网的部署，从而完成从传
感器到云端采用以太网一网到顶的夙愿。与此同时，这也有助于通过运行
费用节省的长期积累，使资本性支出 CapEx 下降 80%。运用全新的独特的
SPE 协议将会给工业网络带来更低的电磁干扰、更低的成本、更高的带宽，
并进一步降低电缆的重量。

2017 年 3 月 IEEE 正式发布在一对传输信号的以太网平衡双绞线电缆上
同时传输电源的 IEEE 802.3bu 规范，为实现数据线供电（Power over Data
Line, PoDL）的要求奠定了坚实基础。图 4-4 给出在一对双绞线上同时实现
数据传输和电源传输的原理图。

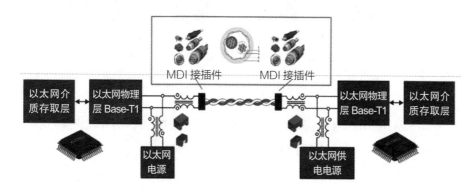

图 4-4　实现 PoDL 的原理图

（来源：Real-time Automation 网站）

与此同时，在工业自动化和流程工业领域，工业以太网的应用也日趋发展，大有超过甚至压倒传统现场总线的势头。图4-5给出了较长时间跨度增长的说明。2010年现场总线应用的份额约占工业通信的75%，工业以太网应用占25%。可是到2020年，现场总线应用就降低到38%，而工业以太网应用则上升为55%，工业无线通信也有了一席之地（占7%）。市场分析预计，到2025年工业以太网将占到70%，现场总线只有20%的占有率，工业无线通信将有10%的市场。从2010年到2025年，工业以太网的市场占有率的上升速率将达到空前的280%。

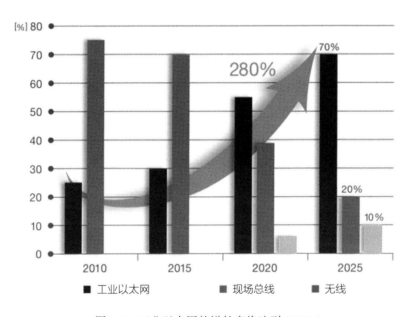

图 4-5   工业以太网的增长率将达到 280%

图4-6给出2021年现场总线和工业以太网的市场占有率。现场总线的市场占有率已降至28%，而工业以太网已升至65%。

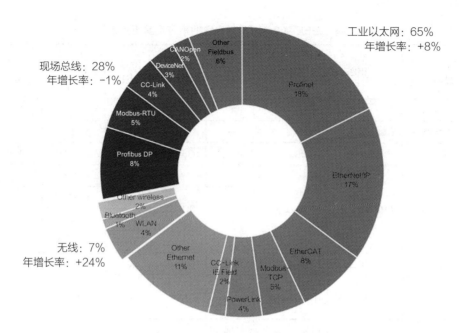

图 4-6　现场总线和工业以太网市场占有率（2021 年）

（来源：HMS）

4.1.2　单对双绞线以太网和先进物理层

1. 单对双绞线以太网电缆横空出世

以太网的推出开始于 1980 年前后，当时使用的是同轴电缆。1990 年以后，以太网电缆的解决方案侧重基于对称的电缆（即双绞线电缆）和光缆。当时采用两对双绞线电缆（即 100Base-TX）分别作为发送线和接收线。这一原理虽限于 100Mbit/s，直到现在它仍是用于工业自动化系统技术的主要以太网传输方案，它通常用星绞结构（star-quad）的设计方案。为了达到更高的传输率 1Gbit/s 和 10Gbit/s，所选择的技术方案要求 4 对对称的双绞线，而且用 8 脚的连接件。近些年来出现的 1 对双绞线的以太网电缆，与前十几年的两对和 4 对以太网电缆存在明显的差异。表 4-1 给出从 1990 年到 2020 年发布的 IEEE 802.3 以太网电缆的规范及其相关的参数。

表 4-1　IEEE 802.3 以太网电缆的规范及其相关参数

IEEE 802.3 发布时间	IEEE 802.3 标准		最长距离 /m	速率 /（bit/s）	带宽 /MHz	按 ISO/IEC11801 分类	双绞线对数
1990	IEEE 802.3i	10Base-T	100	10M	10	CAT 3	2
1995	IEEE 802.3u	100Base-TX	100	100M	100	CAT 5	2
1999	IEEE 802.3ab	1000Base-T	100	1G	100	CAT 5e	4
2006	IEEE 802.3an	10GBase-T	55	10G	250	CAT 6	4
			100		500	CAT 6A	4
					600	CAT 7	4
					1000	CAT 7A	4
2015	IEEE 802.3bw	100Base-T1	15 UTP	100M	66	SPE	1
2016	IEEE 802.3bp	1000Base-T1	40 / 15 UTP	1000M	600	SPE	1
2019	IEEE 802.3cg	10Base-T1L 10Base-T1S	1000 / 25 UTP	10M	20	SPE	1
2020	IEEE 802.3ch	Multi-Gig	（15）	（2.5G/ 5G/10G）	—	SPE	1

通常 IEEE 802.3 标准定义以太网的传输协议，并定义连接网段的最低要求（网段不同但传输电缆通道相同）。在 IEEE 标准的基础上，IEC 的标准开发团队还要定义不同应用领域所要求的电缆布线的组成部分（电缆和连接件）的标准。例如 ISO/IEC 11801-1 是信息系统应用通信电缆的一般要求，包括通信电缆的结构、拓扑、距离、安装、性能和测试要求，ISO/IEC 11801-2 是办公室布线要求，ISO/IEC 11801-3 是工业布线要求，ISO/IEC 11801-5 是数据中心布线要求，ISO/IEC 11801-6 是分布式建筑服务布线要求等。

SPE 的接插件标准正在积极开发中。IEC 63117 的第 1 ～ 4 部分定义运用于办公室环境（IP20）的接插件，其机械、防尘和保护、气候和化学以及电磁兼容性（简称 MICE）为 1 级，即 M1I1C1E1。IEC 63117-5 和 IEC 63117-6 定义运用于工业环境下（IP65/IP67）的接插件，用于 2 级和 3 级，即 M2I2C2E2/M3I3C3E3。所有这些接插件都满足平衡式单对双绞线同时

传输数据和承载供电电流的性能。所有这些接插件标准都是按照以下 IEEE
以太网标准的要求制定的：10Base T1（IEEE 802.3cg），100Base T1（IEEE
802.3bw），1000Base-T1（IEEE 802.3bp），PoDL（IEEE 802.3bu）。

　　单对双绞线电缆的解决方案的背景可以追溯到工业 4.0、工业互联网、
智能制造等主流发展，在要求提供高可用性、短存取时间（包括快速数据分
发和高速数据传输）以及时间确定性的数据通信的同时，还要求数据通信的
基础架构解决方案具有足够高的性价比。这意味着对于设备、电缆及其敷设
和连接件必须有更高的性能、更轻的重量和强度、高度的模块化和兼容性。
由图 4-7 可以发现采用单对双绞线以太网电缆将大大降低敷设电缆的重量。
还有一个非常重要的要求就是在一对双绞线上同时实现数据传输和电源传
输，即按照 IEEE 802.3bu 规范的定义实现 PoDL。

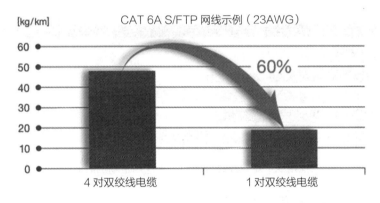

图 4-7　单对双绞线以太网电缆可大大降低敷设电缆的重量

（来源：Real-time Automation 网站）

　　单对双绞线以太网电缆的应用场合是相当广泛的，除了针对工业现场设
备传输采用 10Mbit/s 速率之外，在包括火车、轨道交通以及汽车、载重汽
车等交通运输设备中也有迫切的需求。这一类需求的传输距离相对较短，一
般为 15m（无屏蔽的双绞线电缆）至 40m（有屏蔽的双绞线电缆）。以太网技
术还在发展，IEEE 已经发布了更高速率如 1Gbit/s 的单对双绞线以太网电缆
（带宽为 600Mbit/s）和 100Mbit/s 的单对双绞线电缆 100Base-T1 的标准。

根据以太网技术研究的进展和实用化的进展，在不同的年份制定了不同的应用市场所需要的标准，然后逐步进入不同的市场。图 4-8 给出了单对双绞线以太网进入应用市场的时间表。例如在 2015 年颁布的 IEEE 802.3bw，采用 100BASE-T1，速率为 100Mbit/s，最长传送距离为 15m，这符合汽车工业的需求场景。在 2019 年发布的 IEEE 802.3cg，采用 10BASE-T1，速率为 10Mbit/s，这就是为流程工业现场仪表的传输需求的场景量身定做的。不过由于流程工业现场仪表的以太网传输有着自身非常独特的性能要求，要求主干网的传输距离长达 1000m，分支的传输距离也要 200m，而且还有防爆和本质安全的特殊要求，这又是很大的一种挑战。2020 年预测进入流程工业应用市场的时间是 2022 年。带屏蔽的单股双绞线以太网估计在 2025 年进入铁路运输系统应用；进入机器人和工厂自动化应用市场的时间是 2025 年；进入楼宇自动化应用的时间是 2028 年。

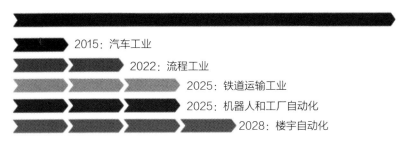

图 4-8   单对双绞线以太网进入应用市场的时间表

概括来说 SPE 具有六个优点：

- 相对于传统的现场总线电缆，SPE 电缆重量轻且体积小，可节省 50% 的重量和空间，使基础架构更整齐有序、定义清晰，并降低对电源和温度控制的要求。

- 在实施新的工程时，安装快速方便，用料下降，节省劳动成本。与此同时，可以方便地将现场的传感器和执行器集成到现有的以太网环境中，不需要附加的网关和接口。

- 在传输距离和范围方面，SPE 支持在 10Mbit/s 速率下最长距离达

1000m，具有的潜力超过现有以太网技术的 10 倍；在传输性能方面，若采用已有的 1Gbit/s 速率和即将发布的多吉比特（multi-gigabit）速率，具有的潜力超过现有以太网技术的 10 倍。

- 只要经由多支路连接的网段，并采用通过数据线供电（PoDL）的技术，即可实现数据线和电源线合二为一的总线拓扑。
- 简易的、性价比好的无源电缆配线，具有在一根电缆中共享 4 个 SPE 通道公用双绞线电缆的潜力。
- 已有的基于标准的电缆和带有 M8 和 M12 的接插件接口，满足工业环境 M2I2C2E2/M3I3C3E3 标准。

2. 先进物理层即将进入实用阶段

先进物理层计划开始于 2011 年，汽车行业为满足自身的需要，成立了制定采用 100Mbit/s 的单对双绞线以太网标准的开放联盟。此后又有流程工业等发动了类似的研究。在流程工业中，由若干个解决方案供应商组成的小组开始了与协议无关的先进物理层的技术研究，目标是研发一种以太网先进物理层，既能适用于所有工业通信协议，又可解决长距离传送，并可用于化工、石化等工业的易爆易燃的危险区。经过 5 年的研究，证实了这一解决方案的可行性。接着在 2018 年，在 FieldComm 组织及其联合的 ODVA、PI 等组织的推动下，西门子、ABB、罗克韦尔自动化、横河、E+H、P+F、KROHNE、菲尼克斯等一些仪表供应商和其他相关的厂商，组织了一个将以太网用于现场的计划，推动了制定工业级的基于 IEEE 以太网标准的解决方案。其首要目的是将现场的各类传感器 / 执行器及各种现场仪表和仪表装置与基于 IP 的互联网相连接。图 4-9 为先进物理层规范的开发和应用时间表。目前进度是：2019 年 IEEE 标准委员会已经正式批准，接下去的工作中心转移到 IEC，要在 2020 年和 2021 年完成危险区保护方法等标准和一致性测试标准，预计在 2022 年即可投入使用。实际上德国 P+F 等公司已经成功开发了相应的样机和系统，只等相关的标准正式发布和进行相关的测试。

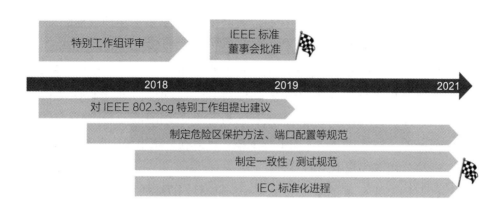

图 4-9   先进物理层规范开发和应用时间表

简而言之，先进物理层（APL）是加固的、二线制、回路供电的以太网物理层，采用 IEEE 802.3cg 协议 10BASED-T1L。运用 APL 可以把现场设备直接与以太网系统相连。由于利用了交换机的结构，为消除连接在同一网络上设备相互间的干扰打好了基础。

应该明确的是，APL 不过是有线物理层和无线物理层等中的一类。在开放系统互联 OSI 7 层模型中，物理层与高层协议的运行完全独立，APL 也不例外（见图 4-10）。但它与普通以太网、快速以太网和千兆以太网等有线物理层最大的不同在于，它是为工业现场仪表的以太网连接专门设计的，通信与现场设备供电共用一条双绞线电缆，完全满足工业现场仪表沿用至今的两线制要求和特殊的防爆及本质安全要求。

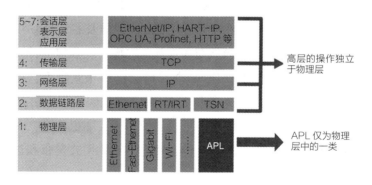

图 4-10   APL 只是各种物理层中的一类

先进物理层的特点可概括如下：

- 任意基于以太网的协议或应用均可使用先进物理层。
- 电源和数据共用一对带屏蔽的双绞线。
- 可用在采用任意方法防爆的危险区，具有本质安全特性，可采用简单的认证测试。
- 与任意 IT 网络实现透明连接。
- 可利用已在现场敷设的现有的双绞线电缆。
- 支持广泛用于现场总线的主干和分叉拓扑。
- 可在任意时间和任意地点进行设备的数据存取。
- 在自动化和其他应用中都能实现快速高效的通信。

表 4-2 列出先进物理层的有关依据标准和参数。

表 4-2　先进物理层的依据标准和参数

参数	规范
依据标准	IEEE 802.3（10Base-TIL） IEC 60079
电源输出（以太网 APL 带电源的交换机）	最高 60W
交换式网络	是
电缆和交换机冗余	可选项
本质安全型电缆类型	IEC 61158-2，类型 A
最长主干电缆长度	1000m/ 进入 1 区，2 分区
最长分支长度	200m/ 进入 0 区，1 分区
传输速率	10Mbit/s，全双工
危险区保护	对所有危险区实现设备本质安全型保护

可用于任意基于以太网的协议或应用，其含义首先就是在一对双绞线以太网电缆中可同时容纳不同的工业以太网的协议，例如力推 APL 的 FieldComm 组织主要参与的 EtherNet/IP、HART-IP 和 Profinet。HART-IP 是基于 TCP/IP 的 HART 协议，是为已在全世界流程工业中安装的 1500 万台 HART 现场仪表无缝接入基于 IP 的以太网而开发的。显然，这样数量巨大

的现场仪表设备是一笔十分可观的存量资产，不可能在技术升级时将其忽略不计。

作为流程工业最终用户的权威组织，NAMUR 对用于流程自动化的以太网通信系统提出如下要求：能与 DCS 技术和现场设备集成；支持二线制和四线制仪表；能在危险区和非危险区使用；连接方法简单和牢靠；满足安全和可用性的高要求。基于以太网并在流程工业中应用的通信平台，具体应满足以下性能要求：传输速率为 10Mbit/s，以后再发展到 100Mbit/s；采用二线制的电缆，即与 IEC 61158-2 所规定的用于现场总线的 A 型电缆相同；采用全双工传输机制；采用与现场总线相同的拓扑结构，即主干 – 分支拓扑结构；运用本质安全的可能性（高功率主干线概念，可与 FISCO 相比较）；主干网可供 30V/500mA 的电源功率。

3. SPE 和 APL 的应用前景

在流程工业中，像总部设在德国的流程工业最终用户组织 NAMUR 的开放架构（NOA），或者美国 The Open Group 公司管理的 OPAF，都在倡导本领域特点的概念，即为实现流程装置的系统架构进一步简化、调试投运和运行操作更为方便高效而进行创新性的努力。为了体现上述这些概念，通过大量而广泛地采用无线解决方案、简化现场设备的集成，以及实现工业以太网的所谓一网到底的目标，把以太网真正应用到现场设备，是其追求集成现场部件和组件理念的实现。总之，在流程工业中采用 IP 技术的路径非以太网莫属，例如 2007 年宣布 WirelessHART 标准，2012 年发布用以太网的速度传输 HART 协议的 HART-IP 等。

图 4-11 是运用 APL 替代现有的现场总线的流程工业现场仪表基础架构的一个例子，与图 4-12 的运用现场总线的流程工业现场仪表基础架构相比较，可以明显发现前者大大简化了层次，从而更方便调试投运和运行操作。图 4-11 中的所有现场仪表（包括防爆区的仪表）均通过 APL 接入现场交换机，现场交换机只需与接在上位的以太网的另一交换机相连接，构成两层以太网的架构，而不像图 4-12 所示的系统，现场仪表要分别接入不同的现场

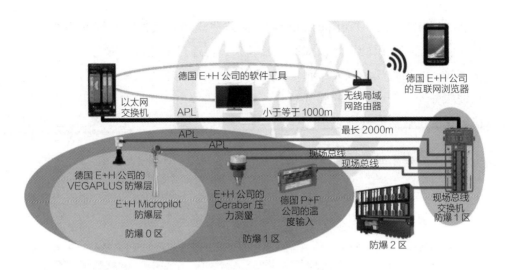

图 4-11   运用 APL 的现场仪表基础架构举例

（来源：Industrial Ethernet Book 网站）

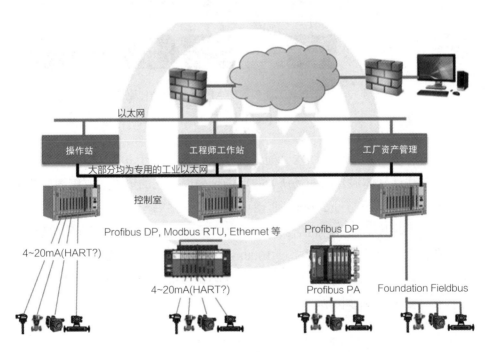

图 4-12   目前在流程工业中使用的现场仪表基础架构

（来源：Industrial Ethernet Book 网站）

总线（HART、FF、Profibus DP 等），而这些现场总线的子系统又需要通过其控制系统与专用的工业以太网集成起来，再通过工业以太网与上层的以太网连接，才能把现场仪表所测量的各种参数发往挂在以太网上的各种操作运行的服务器、资产管理的服务器等。系统的层次多，其架构就显得复杂，通信的速度也显然要慢许多。

用于流程工业现场的 APL 的拓扑结构原理图如图 4-13 所示。

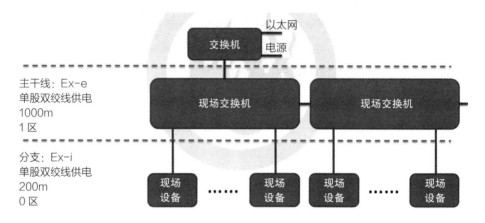

图 4-13　用于流程工业现场的 APL 的拓扑结构原理图

（来源：Industrial Ethernet Book 网站）

先进物理层采用星形结构，通过现场交换机将处于 0 区（即连续或长时间存在爆炸性气体混合物的场所）的现场仪表以分支的形式用双绞线电缆接入，分支长度不得超过 200m。而现场交换机必须处于 1 区（即在正常情况下有可能出现爆炸性气体混合物的场所）；通过主干网将多个现场交换机连接起来，主干网的长度不得超过 1000m。在防爆区的现场交换机不设电源，其电源来自处于非防爆区的交换机，在这类交换机中设有专门供给防爆区现场以太网接入仪表的电源。

图 4-14 给出一个 SPE 在工厂自动化中的应用案例。前面已经指出，SPE 进入工厂自动化应用的时间安排在 2025 年，但应用的生态系统已经在

筹备之中。安装在现场的传感器 / 执行器接入各自的 I/O 模块。I/O 模块之间用 SPE 按链状结构连接，然后接入交换机。SPE 可以采用单对双绞线电缆，也可以采用性价比更高的 4 对双绞线电缆。如果采用多点拓扑，节点最多 8 个，长度需控制在 20m 以内。也可以采用星形结构的拓扑。所有这些 I/O 的数据都通过交换机传送至相关的 PLC。

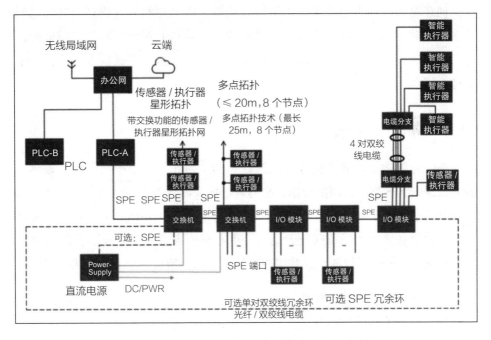

图 4-14　一个 SPE 在工厂自动化中的应用案例

4. 讨论

近年来在国内推动工业互联网的舆论超乎寻常地热烈，而且持续至今。但是对于工业互联网的连接性如何实现以太网联网架构的一网到底和一网到顶，尤其是单对双绞线以太网电缆和先进物理层的重要性和技术颠覆，鲜有人提及和关注。我们在前一两年曾在微信的一些公众号中呼吁过，但响应者寥寥。据了解，仅在一些工业标准化的单位有人参与跟踪国外的有关工业通信组织的 SPE 和 APL 的进展，并没有系统地研究开发活动。直到 2020 年，相关研究所才开始立项。

试想没有现场仪表和传感器高质量和低成本的联网，工业互联网的数据从何而来，又如何实现现场端 – 边缘 – 云的可靠连接？工业互联网迫切需要大量部署低成本的传感器，而大量低成本传感器又需要低成本的以太网电缆和相应的接插件将它们与边缘、云端可靠地连接。这些基础性工作是无法回避和绕开的。

现在距离国际工业界实施单对双绞线以太网电缆和先进物理层时间已经不多了，时不我待，应该立即准备研究我国工业界的对策，并采取积极的措施来迎接和拥抱这一新兴技术，推动工业互联网的这一基础技术在我国的落实和发展。

4.1.3　OPC UA TSN

在实际的边缘计算架构中，边缘计算的平台作为一个中间平台，兼具了云端数据的大容量、长周期需求，也有现场的实时任务处理的问题。其次，边缘计算要达到"全局最优"，而非机器实时系统的局部最优，就一定会牵扯到多个不同设备之间的通信问题，同时，也会牵扯到边缘层与云端或者 ERP 这样的系统之间的交互问题，这使得边缘计算的通信蕴含两个必须解决的问题：

1）如何实现多个不同的控制系统间的语义互操作问题。作为协调层，它首先得认识不同的控制器的数据，并在它们之间进行协同。

2）涉及周期性和非周期性数据的传输问题。如果采用多种网络，就意味着额外的转换硬件模块，这是在物理层。当然在通信的软件层面，它也意味着需要专门的解析与转化的驱动程序。

因此，在边缘计算架构中，统一的通信架构实际上是非常必要的，因为，如若不然，会造成大量的"工程项目"方式的集成，这意味着大量的工程集成成本，完全不具有"可复制性"，而边缘计算的推进，必须建立在"可复制性"这一基础上，否则，就会难以实现经济性。对于用户来说，投资巨大，对于工程集成商来说，也是工程量巨大，很难有稳定而持续的业务发展模式。

我们探讨 OPC UA TSN 的原因是，这是一个被广泛接受并积极推进的工业通信方案组合，OPC UA 扮演了它的角色，即通信、信息建模与安全，而 TSN 则解决网络的同一性问题。

1. OPC UA 在边缘计算架构中的作用

（1）OPC UA 扮演的角色

在图 4-15 中，我们可以看到，OPC UA 的三个主要作用，在左右两侧为通信支持，中间为安全支持，而上方则为信息模型的支持。

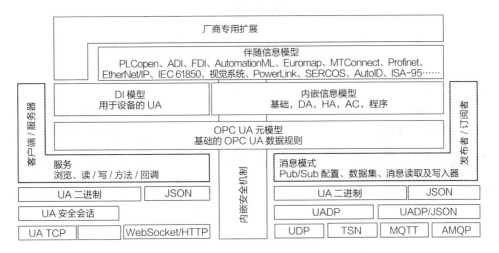

图 4-15　OPC UA 的架构

① 通信支持能力

OPC UA 对于目前已有各种通信进行了支持，即它为了实现互联而建立了对各种通信机制的支持，主要分为 C/S 架构（即客户端 / 服务器的架构）以及 Pub/Sub 机制（即发布者 / 订阅者架构）的通信，最新的 OPC UA 规范也对 MQTT/AMQP 应用传输机制予以支持，包括对底层的 TSN5G/Wi-Fi6 也进行了支持，这个属于 OPC UA FX[⊖]（Field eXchange，现场交互层）工作组的任务，是与 IEEE/IEC 合作制定的标准与规范。

⊖　对早期的 FLC 现场级通信的扩展。

　　在传统上，OPC UA 主要支持 C/S 的通信机制，而在最新的 OPC UA 版本发布中，基于 Pub/Sub 机制的 OPC UA 通信机制也被集成。Pub/Sub 机制则可以较 C/S 机制获得更高的实时性通信支持能力，而且在边缘计算架构中，它也会有更低的带宽消耗，因为仅在有数据更新时才会发布数据，其机制如图 4-16 所示。

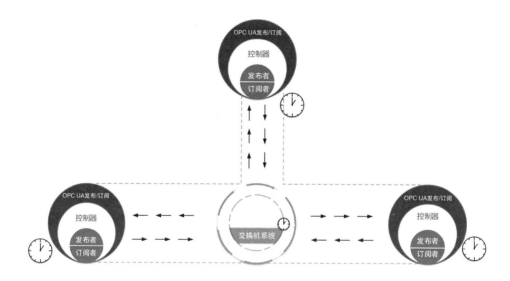

图 4-16　OPC UA 的 Pub/Sub 机制通信

② 信息模型支持

　　OPC UA 规范最核心的价值是信息建模，对信息建模的直观理解就是如何对信息构建模型，以便能够把数据形成一个"包"，这样对数据的配置、读写操作、升级，会有较大的便利，而不需要复杂的程序编写。对于边缘计算架构的实施来说，这的确至关重要，因为这就是"可复制性"的关键。

　　OPC UA 的信息模型包括了元模型、行业信息模型（也称为伴随信息模型），这些信息模型是 OPC 基金会与垂直行业组织如 OMAC、VDMA、各个现场总线基金会、PLCopen 组织、ISA、FDT/DTM 等共同开发的，新的模型包括机器人与视觉、AutoID 对各种码进行识别的信息模型。

OPC UA 的基础信息模型在于为访问者提供了访问与操作的标准、数据格式、语义的标准。

OPC UA 的对象（Object）是由被参考（Reference）连接的节点（Node）组成。不同的节点类（Class）传输不同的语义（Semantics）。一个变量节点代表"值"可以被读或写，变量节点有相关的数据类型（Data Type）来定义实际值，如字符串、浮点数、结构等。方法节点（Method Node）代表可以被调用的功能，每个节点都有大量的属性，包括唯一的识别号 NodeID 和称为 BrowsName 的非本地化命名。

对象与可变节点（Variable Node）都称为实例节点（Instance Node），节点总是参考一个类型定义（Object Type 或 Variable Type），这些节点描述它们的语义和结构。

图 4-17 以简单的方式介绍对象、方法、变量节点中的关联关系，关于 OPC UA 的其他行业信息模型，在后续的内容中会予以介绍。

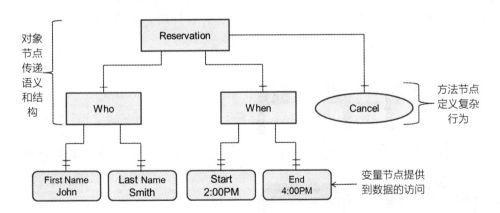

图 4-17   OPC UA 的基础信息模型

OPC UA 信息模型是数字孪生技术落地的重要组成部分，如图 4-18 所示。在工业 4.0 参考架构中，数字孪生被称为资产管理壳，资产管理壳（又称工业 4.0 组件）是构成信息物理系统（Cyber-Physical System, CPS）的基本组成要素，该基本要素通过将各类资产（物质型资产与非物质型资产）套上一层数字外壳的方式，构建虚实融合的 CPS 数字空间。

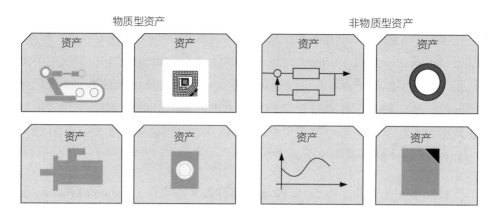

图 4-18   OPC UA 是数字孪生技术落地的信息连接剂

工业现场的资产由"人、机、料、法、环"构成，这些资产可划分为物质型与非物质型两类：物质型资产（又称物理型资产）包括生产性装备、物料、摄像头、仓储设备、扫码枪、传感器、自动化系统等；非物质型资产（又称软件资产）包括生产工艺、控制算法、分析算法、报警逻辑、数据文件等，如图 4-19 所示。

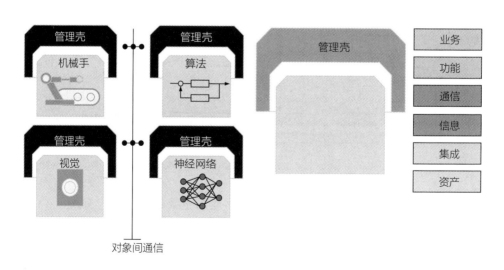

图 4-19   OPC UA 在资产管理方面扮演的角色

如图 4-20 所示，由于各类资产的异构化特性，因此需要借助标准化的数字外壳将它们彼此融合。数字外壳由信息、通信、功能与业务四部分组成。信息用于对资产进行描述，并实时体现资产的状态：当资产的状态发生变化时，资产管理壳的信息也会随之发生改变；通信用于将各类数字外壳串联在一起，从而确保各类"虚体"与"实体"的彼此联动，实现虚实融合；功能是用户开发的控制算法、视觉分析算法及协议解析逻辑；业务是自动化工程师根据实际现场所组态而成的工程。

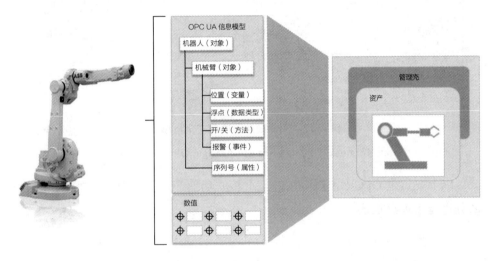

图 4-20　OPC UA 的信息模型及通信功能是实现资产管理壳
信息层与通信层的落地技术

③ 安全机制

OPC UA 同时也支持各种安全信息传输机制，包括用户、验证、X.509 的信息加密规约等，这使得数据传输中的安全性得以保障。在图 4-21 中，我们可以看到，对于 OPC UA 的 C/S 架构来说，实际上在传输的过程中，是基于有效的连接建立、验证、授权过程来实现的，这样可以确保信息的交互过程是符合相应的安全机制的，X.509 的机制能满足信息安全认证的要求。

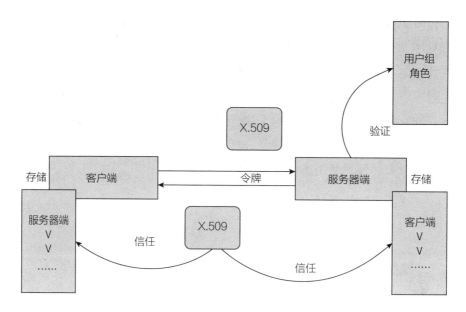

图 4-21　OPC UA 的通信安全机制

（来源：Darek Kominek, OPC UA Security Design, OPC Day, Jun 22-25,2020）

以上三点是 OPC UA 规范中的三个核心功能，对于其中涉及机器领域的部分进行了重点描述。

（2）OPC UA 在各个场景中的应用

如图 4-22 所示，采用 OPC UA 的边缘计算架构包括数字孪生的架构实现、与数字化设计软件的交互。在工业场景中，存在着诸多的电气控制系统（OT 端）与数字化设计 CAD/CAE/CAM、建模仿真软件之间的数据交互，以实现机械与电气之间的协同仿真。在传统上，不同自动化类企业与这些数字化软件间可以通过专用的接口进行交互，但这需要开发众多的接口来实现。之后，Modelica 组织开发了 FMU/FMI 接口来实现，这使得数字化软件与运营软件，例如在 SIEMENS Portal、B&R 的 Automation Studio 电气软件开发平台会与 MATLAB/Simulink、Industrial Physics 等有专用的接口，使得物理机电对象与数字控制对象实现交互。而未来这个交互接口，可以采用 OPC UA 作为统一的模型接口，由于 OPC UA 支持各种通信，这样就可以实现完全没有专用或行业专业的接口，而与云、ERP 一样，采用共用的接口。

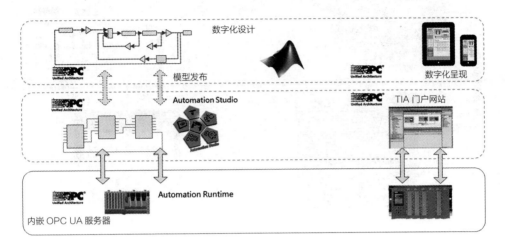

图 4-22　OPC UA 与模型数据交互，构建数字孪生

① 在数字孪生方面

如果要实现"数字孪生"——对物理与数字世界进行交互，那么必然会遇到这两个世界如何进行交互的问题。物理世界的对象可以是嵌入式的控制器、通过不同的总线连接的传感器、执行机构，而数字世界包括设计软件如达索、Solidworks，或者针对专业方向的 CAD、CAE 软件，那么它们应该如何进行数据的交互呢？

从图 4-23 中可以看到，RAMI4.0 架构中的数字世界包括通信、数据、功能、业务过程几个部分，这些部分与数字世界、物理世界的实体对象进行的交互需要通过"管理壳"来实现其数字的结构化，以构建信息模型。

数字孪生其实也是典型的智慧结晶，它将人对物理世界的认知进行建模，然后形成上行与下行数据的互动，降低在产线设计验证、运行、维护等各个阶段的实时交互，数字孪生本身就是基于人们对制造的认知而建立的，而信息模型则是交互的标准，否则，这些知识将无法应用于制造业的流程优化。

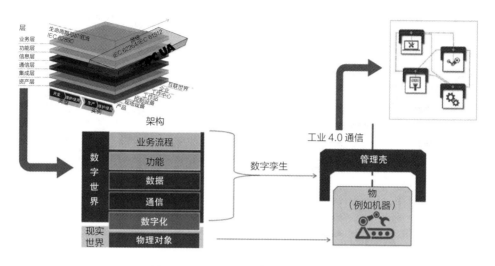

图 4-23   OPC UA 对数字孪生的支撑

② 关于数字化车间的管理壳

在各个领域，都广泛存在着信息建模规范，例如 PackML，但是，这些都是对外围设备进行建模，而对于"产品"本身在这个系统里的运行并没有建模考虑，而 OPC UA 在管理壳中的作用则弥补了这个短板，使得除机器到机器、机器与管理系统之间的设备信息交互外，还能将生产系统与被加工对象之间的信息进行连接，因为机器与机器之间传递了产品信息，这会让这个信息可以被应用于加工，而不仅仅是机器之间的时间、位置的协同，也包含了产品加工工艺信息的传递。

从图 4-24 中可以看到，OPC UA 实际上起到了管理壳信息的传递作用，它涵盖了信息（Information）和通信（Communication）的集成问题，这个集成也包括行业信息模型，也称为"伴随信息模型"。

从图 4-25 中可以看到，管理壳可以通过 OPC UA 建模的方式被封装，然后通过现场总线来传输，信息被以这种方式在各个不同的设备间进行传输，形成 C2C 的交互。当然，对于每个对象来说，它可以集成客户端和服务器端，这样不仅在水平方向可以交互管理壳信息，也可以在垂直方向集成对象信息，包括从管理系统下发的作业任务，如电子工作单，这个工作单可以被解析为机器执行的数据、配方、参数等，这样可以实现 M2M 和 B2M 的交互。

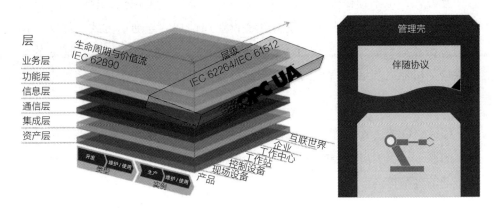

图 4-24　OPC UA 的管理壳连接

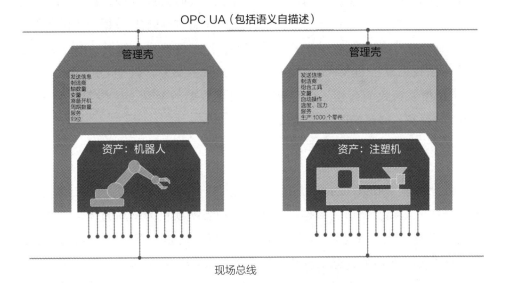

图 4-25　OPC UA 的管理壳

③ 快速构建行业信息模型

谈到垂直行业，就要谈到各个行业信息模型规范（如 PackML、Euromap、

ISA、MTConnect 等）为何与 OPC UA 基金会合作，这些信息规范通常仅提供在这个领域的信息建模，但并不提供像通信连接（如 Pub/Sub 机制）的信息交互方式，也不提供安全机制等工程应用所需的相关规范，这是 OPC UA 的好处，它提供了一个框架，使得这些行业通信规约与通信方式、语义互操作的方法相结合，并且，通过不同的信息模型，如 AutoID、机器视觉的交互接口、机器人与通信行规的交互，使得整个可以构建一个打通链条工程连接的系统。

因此，OPC UA 的意义不仅仅停留在所谓的通信规约上，而更多体现在其"串联"了已有的信息模型，并与其他规范结合，共同打造了一个满足整体协同的标准体系。

从图 4-26 中可以看到，PackML 的信息标签可以通过 OPC UA 来实现连接，上下游设备可以通过 C/S 结构来互相访问，也可以通过 C/S 结构在垂直方向进行信息的集成。当然，图 4-26 实现了 PackML 数据对象的传输，关于 PackML 的细节可以参考相关的文档，这里简要描述如下：PackML 主要是在包装类设备与 MES 之间进行相关参数的交互，例如 OEE 采集、质量 RCA 相关参数的交互，也包括了可视化数据的交互，这些都被封装为 PackML 标签并通过 OPC UA 来传输。

（3）OPC UA 与边缘计算架构

边缘计算（Edge Computing）架构是当前工业的热点。边缘计算在传统控制任务基础上，通过数据的连接，使设备实现更为全局的优化、调度、策略性任务，这些任务不是基于信号的控制，而是基于更多信息的集成，其数据类型、所需的任务处理更适合于 Windows/Linux 这样的架构来实现，包括机器学习、本地智能推理这样的高动态任务。同时，它计算的结果又需要高动态地反馈给 RTOS 去指挥机器人、电动机、液压等执行机构的运行，因此，采用 Hypervisor 可以构建一个本地的边缘计算架构，图 4-27 是一个典型的边缘计算架构。

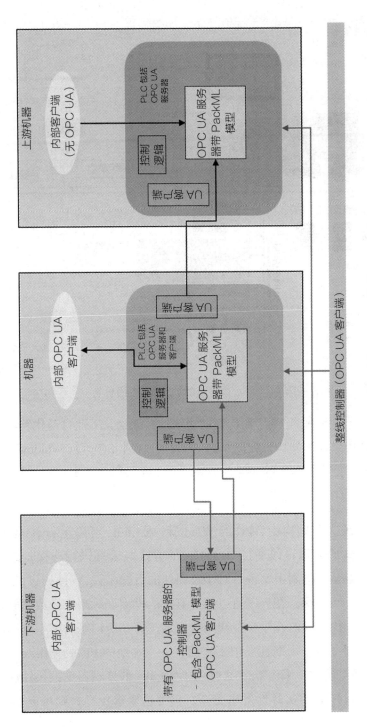

图 4-26　PackML 的 OPC UA 集成

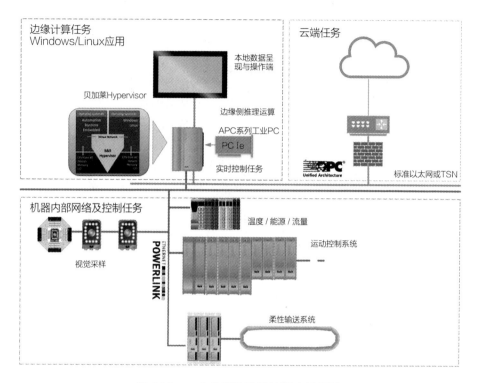

图 4-27　一个典型的边缘计算应用场景

实际上，除了来自 IT 厂商构建的边缘计算架构，工业自动化领域的厂商也会实现其边缘计算架构，在图 4-27 中，一个工业 PC 运行 Windows+RTOS，其中，RTOS 会结合本地的实时任务，进行 I/O 采集与逻辑控制、运动控制、HMI 显示本地任务的处理。

其次，在这个架构中，PC 的 Windows 或 Linux 可以运行 AI 本地推理任务，而本地的数据可以通过 OPC UA 的方式与云端进行连接，这个连接可以通过 Pub/Sub 机制来实现。对于长周期的数据来说，可以通过这个边缘架构发送至云端训练，在云端可以通过有效的模型训练来实现数据驱动的模型，如参数寻优、预测性维护、缺陷分析等，而其所训练的模型可以部署在本地进行推理。对于周期性要求不高的任务，本地的 PC 服务器或高性能的 PC 可以处理，例如，采用 Intel APPOLLO Lake 的处理器更擅长处理计算任务，而如果对任务的实时性要求更高，算力也要求更高，则可以通过 PCIe

的 AI 加速器来实现本地推理。在本地推理完成后，也可以直接将结果发送给 PC 上的实时任务来执行。

在边缘计算场景中，包含了众多的应用需求：

- 大容量的本地数据存储。
- 整条生产线设备综合效率（Overall Equipment Effectiveness, OEE）统计、能源分析。
- 质量分析与优化应用。
- 预测性维护应用场景。
- 专业工艺数据分析工具与应用。
- 连接至云端应用系统的交互。
- 整条生产线的监控与商业智能。

因此，我们可以看到，OPC UA 可以在这个系统中扮演通信与模型连接的作用。

2.TSN 在边缘计算中扮演的角色

时间敏感网络（Time Sensitive Network, TSN）是目前工业领域广为关注的面向未来的网络架构，其对于边缘计算来说至关重要，尽管目前的网络方式也可以解决边缘计算的问题，但是，TSN 的各种属性更为适应工业边缘计算任务的处理，尽管目前 TSN 技术的各项标准或产品尚无明显的商业实现，但是，就其设计思想与未来的趋势来看，值得关注。

在经历了传统的现场总线、实时以太网的阶段后，OPC UA over TSN 列入了产业的发展议程，图 4-28 可以大致反映此发展过程。

TSN 本身并非一种全新的技术，IEEE 于 2002 年发布了 IEEE 1588 精确时钟同步协议，在 2005 年，IEEE 802.1 成立了 IEEE 802.1AVB 工作组，开始制定基于以太网架构的音频 / 视频传输协议集，用于解决数据在以太网中的实时性、低延时以及流量整形的标准，同时又确保与以太网的兼容性。而

AVB 又引起了汽车工业、工业领域的技术组织及企业的关注，后来又成立了 TSN 工作组，进而开发了时钟同步、流量调度、网络配置系列标准集。在这个过程中由 AVnu、IIC、OPC UA 基金会等组织共同积极推进 TSN 技术的标准。2016 年 9 月在维也纳，工业领域的企业（包括 B&R、TTTech、SEW、Schneider 等）开始着手为工业领域的严格时间任务制定整形器，成立了整形器工作组并于 2016 年 9 月在维也纳召开了第一次整形器工作组会议，之后 TSN 技术开始有更多企业加入，并构建了多个测试床，包括德国工业 4.0 组织的 LNI、美国工业互联网组织 IIC、中国的边缘计算产业联盟 ECC、工业互联网产业联盟 AII 等组织均建立了相应的测试床。2019 年 IEC 与 IEEE 合作成立 IEC 60802 工作组，并在日本召开了第一次工作组会议，以便工业领域的 TSN 开发可以实现底层的互操作，同时在 OPC UA 基金会也成立了 FX 工作组，将 TSN 技术与 OPC UA 规范融合，以提供适应于智能制造、工业互联网领域的高带宽、低延时、语义互操作的整个工业通信架构。

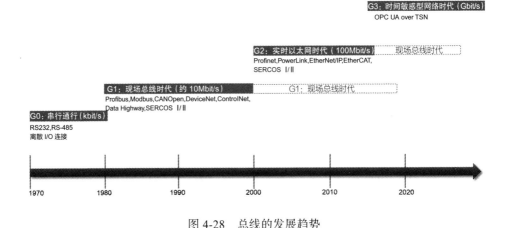

图 4-28　总线的发展趋势

TSN 主要解决时钟同步、数据调度与系统配置三个问题，如图 4-29 所示。

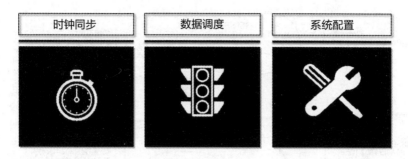

图 4-29　TSN 所聚焦的三个问题

1）时钟同步：所有通信问题均基于时钟，确保时钟同步精度是最为基础的问题，TSN 工作组开发基于 IEEE 1588 的时钟，已经开发了广义精确时钟同步协议 IEEE 802.1AS，而针对工业应用场景，又开发了更为强调冗余及高可用性的 IEEE 802.1AS-Rev 标准。

2）数据流调度机制：数据流调度是通信的核心技术，在标准的以太网中采用了严格优先级（Strict Priority）的传输方式，但这种机制是无法保障确定性的，而为了解决这些问题，传统实时以太网都开发了各自的数据流调度，如轮询机制、集束帧技术，而 TSN 则开发了多种不同的通信机制来实现数据流的调度，多种策略应对多种业务场景，这是一种 IT 网络的模块化设计思想。

3）系统配置方法与标准：在 TSN 中，必须将每个终端（如 PLC、I/O 站、驱动器）统称为终端节点（End Point），而 TSN 的交换机则称为桥（Bridge）节点，配置标准的目的在于将终端节点的需求与网络（桥节点）的能力进行匹配，在 IEEE 802.1Q 工作组有多重配置方式，其中对于工业而言，主要聚焦在 IEEE 802.1Qcc 标准。

针对 TSN 的相关标准如图 4-30 所示，包括了对应的 IEEE 相关标准。

图 4-31 为 5G 应用联盟在对 TSN 技术的发展中构建的应用架构，在这个架构中，将网络的数据传输分为 C2C（控制器到控制器）、C2D［控制器到现场设备（I/O 站、伺服驱动器）］、D2Cmp（设备到边缘计算节点）的通信架构，分别对应了相应的 IEEE 802.1Q 的标准。

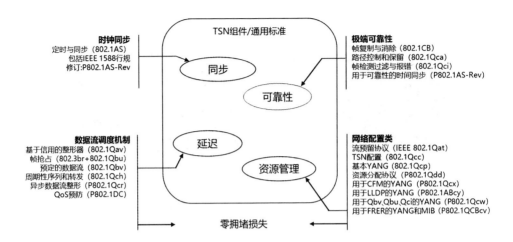

图 4-30　TSN 对应的标准

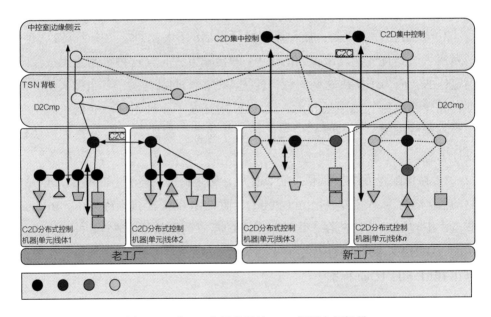

图 4-31　在 5G 应用联盟的 TSN 规划应用场景

（来源：Integration of 5G with Time-Sensitive Networking for Industrial Communications,

5G-ACIA White Paper，February 2021）

从表 4-3 可以看到 IEEE 802.1Q SP、Qcc 的配置，以及针对实时任务的
IEEE 802.1Qbv 作为了基准，而 FRER、CB、Qbu 等作为了可选项。

表 4-3　TSN 的几个应用场景

应用场景	C2C/L2C	C2D（分布式）	C2D（集中）	D2Cmp
数据流类型选项	等时同步 周期性、同步及异步 事件 诊断与配置	等时同步 周期性、同步及异步 事件 诊断与配置	等时同步 周期性、同步及异步 事件 诊断与配置	事件 配置与诊断 声音 视频 尽力而为
连接域	骨干网	本地连接	设备通过本地或骨干域到中心区	设备通过本地或骨干域到中心区
A：TSN 初期通信	继承（现场总线）	继承（现场总线）	继承	部分可用
B1：混合以太网和 TSN 作为骨干网	继承以太网和 TSN（+5G）	继承（现场总线）	继承	部分可用
B2：骨干网	TSN（+5G）	继承	继承	部分可用
C：全 TSN* 骨干及现场	IEEE 802.1Q+TSN	IEEE 802.1Q+TSN	IEEE 802.1Q+TSN	IEEE 820.1Q+5G
TSN 被采用的特性	需 802.1Q SP、Qci、Qcc，可选 IEEE 802.1CB FRER、Qbu IEEE 802.1AS_Qbv（高速同步性数据流特性）			

如图 4-31 所示，目前的应用场景分为 C2C（控制器到控制器）的通信、
C2D（控制器到现场设备）的通信，以及 D2Cmp（设备到边缘计算节点）的
通信。图 4-31 针对混合的应用场景也进行了说明，包括采用传统现场总
线 +C2C 的 TSN 组网，这是考虑了旧工厂（Brownfield）因素的针对新工厂
（Greenfield）的场景。

在本章中，对于 TSN 技术的"整形器"（即核心数据流调度机制）不做
详细介绍，因为，就实而论，TSN 更多承担的是网络的功能，对于用户来
说，并不需要关注其具体的网络实现，例如网络的时钟分发与延时计算、数
据流调度、配置网络的具体细节。

TSN 为边缘计算带来的好处在于：

1）TSN 真正解决了同一网络的传输问题。它将传统的"Best Effort"（尽力而为）的网络和可进行周期性传输的网络融为一体，降低了对网络的硬件和软件的配置需求。

2）TSN 解决了"一网到底"的问题。边缘计算需要一个能够从现场采集层直接到云端的连接，这包含了边缘计算侧与底层的交互，也包括边缘层与云端的连接，TSN 可帮助将网络简化为一个，那么对于未来的边缘计算架构或采用云技术构建的云边协同架构来说都是非常便利的设计。

3. 融合的通信架构 OPC UA over TSN

OPC UA over TSN 是将 OPC UA 和 TSN 两者融合起来的架构。图 4-32 是 OPC 基金会针对工业网络与通信的架构，可以看到，在最底层，物理连接可以支持 IEEE 802.3 的以太网，也可以支持 IEEE 802.3cg（即单绞以太网 SPE，或者 APL），也可以是 5G、Wi-Fi 6 等物理层链路。

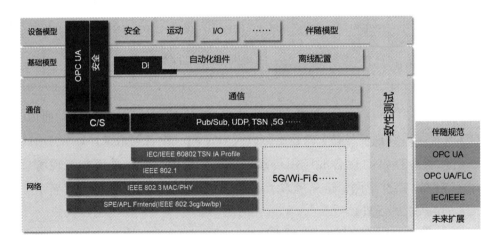

图 4-32　工业通信架构

在第二层可以支持 IEEE 802.1 TSN-IA Profile，即针对工业自动化领域的 TSN 实现，这个被 OPC 基金会称为"现场交互"（Field eXchange），在这个层面，OPC 基金会在有线网络领域推动 TSN 的集成，在无线网络领域支持 5G/Wi-Fi 6 的集成，这个架构的实际意义在于，通过统一的语义交互以及周期与非周期性数据传输网络，来实现整个工业数据的连接。

在 OPC UA 部分，可以实现将传统的现场总线基金会的应用层集成，这样其数据内容或字典就被统一到 OPC UA 架构中，又可以发挥 OPC UA 的传输、模型作用，构建一个实现各种任务、功能需求的统一通信架构。它包含了应用层的 I/O、运动控制规范、通信的规范、基础的信息模型、网络支持、安全机制，以及 TSN 的底层传输支持。

下面以 OPC 基金会的 FLC 为主进行阐述。

（1）TSN 与 OPC UA 的融合进展

由于 OPC UA 本身在协同性方面的问题，也使得其成为各个组织（包括德国 RAMI4.0 和 IIC IIRA）的架构，以及中国国家标准中对 OPC UA 也同样推荐，但是，OPC UA 并没有针对底层通信的支持，为此在 2018 年 OPC UA 基金会宣布成立现场级通信（FLC）工作组，致力于 OPC UA 与 TSN 的融合，OPC UA over TSN 的推进正在于此。

OPC UA 与 TSN 构成了整个工业网络未来连接的架构：OPC UA 支持语义互操作，让机器说相同的语言；TSN 则提供了统一的连接，而且 TSN 属于非企业私有技术。

图 4-33 显示了 OPC UA 与 TSN 在 Pub/Sub 机制方面的融合，图 4-33 中的两个控制器均支持 Pub/Sub 机制，中间由 TSN 交换机连接，OPC UA 作为应用层，通过多种 Pub/Sub 建立连接，并将数据包发送至控制器的 TSN 端口，TSN 根据网络调度来将数据帧进行处理、排队、转发至接收端，再解包并传输至另一个控制器的接收内存，供应用读取。这个过程中，OPC UA 传输的是统一的数据，而 TSN 则实现高速的传输，确保实时性，当然，应用也可以传输非实时数据，因为 TSN 支持多种数据流，仅需根据应用预先配置。

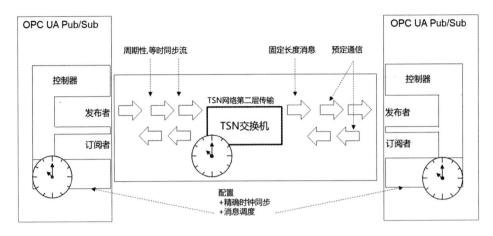

图 4-33　OPC UA 与 TSN 的 Pub/Sub 机制的融合

图 4-34 显示了 OPC UA over TSN 构建的工厂整个网络连接，也是 OPC UA over TSN 的应用场景架构，其中，在 2020 年，OPC FLC 主要打造在 C2C（即控制器到控制器层）的通信交互，而未来 OPC 基金会将 TSN 面向 C2D（即控制器到底层设备）连接。

由图 4-34 可知 OPC UA over TSN 可以实现以下几个集成：

1）垂直集成，实现了设备到 MES/ERP（❶）、设备到云端（❷）、底层传感器 / 驱动器到控制器（❻）、设备到云（❽）的传输。

2）水平集成，实现了设备与设备（❹ 与 ❺）的集成。

3）端到端集成，如图 4-34 中的生产制造系统与辅助系统（❼）。

（2）OPC UA over TSN 的技术集成

① 在 OPC 交互中的 TSN 集成

从图 4-35 中可以看到，FLC 为 TSN 的集中和分布式配置提供了架构，包括与 OPC UA Pub/Sub 的融合，在 QoS 方面，OPC FLC 也对 QoS 在传输中的保障提出了规划。

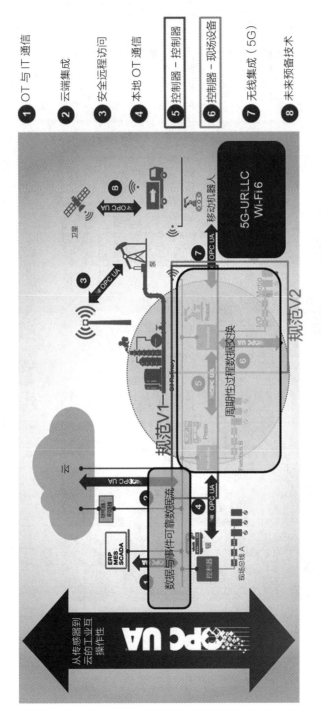

图 4-34　OPC UA over TSN 构建的工厂整个网络连接

（来源：Alexander Ziegler, OPC UA TSN Sub-group, OPC Day 2020, June 23, 2020）

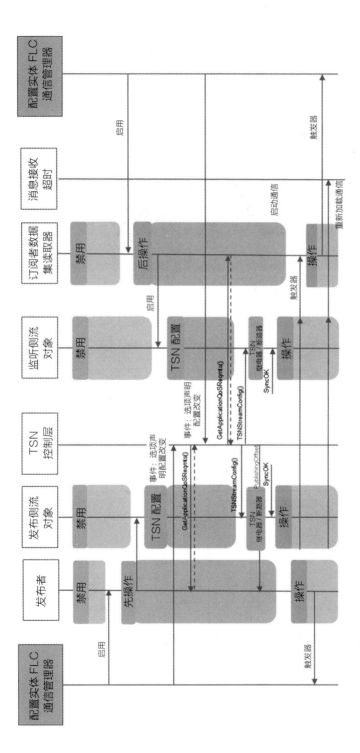

图 4-35　OPC FLC 对 TSN 的配置规划

（来源：Alexander Ziegler,OPC UA TSN Sub-group, OPC Day 2020, June 23,2020）

从图 4-36 中可知，在 TSN 的 C/S 结构中，通信数据流中支持了 TSN 发布侧和监听侧的连接建立和网络接口的定义，这使得 TSN 开始可以融入整个 OPC UA 架构中，成为其通信的构成部分，为 OPC UA 提供了连接的实时性。

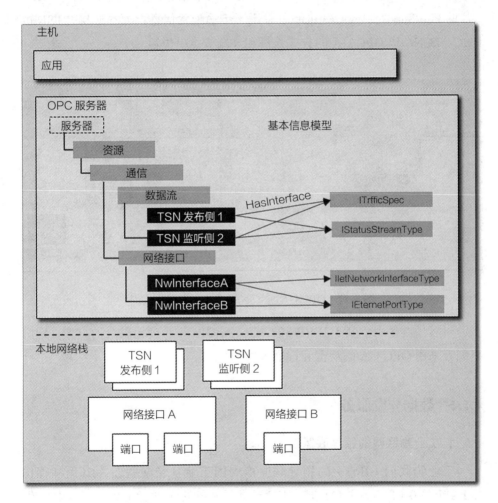

图 4-36 TSN 在 OPC UA 的连接中的对应关系

（来源：Alexander Ziegler, OPC UA TSN Sub-group, OPC Day 2020, June 23, 2020）

② TSN 配置方面的进展

在 OPC UA FLC 的最新动态里，针对完全集中和完全分布式配置分别进行了阐述，对于集中式控制而言，CUC 和 CNC 将由 IEEE 802.1Qcc 来定义，这个机制可能会作为一个主要的方式被接受。在图 4-37 中，OPC UA 的 Pub/Sub 机制或 C/S 机制可以用于传输配置信息，而在底层，TSN 的 CUC 和 CNC 以 OPC UA 的方式在桥和终端节点中传输。

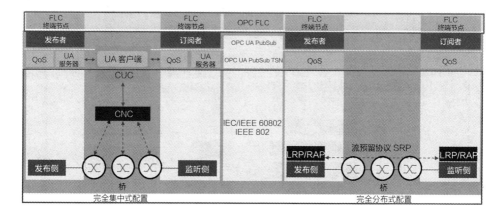

图 4-37　OPC UA 与 TSN 融合的配置场景实现

当然，这是一个基于 IEEE 802.1Qcc 与 OPC UA 规范融合的方式，即网络配置采用 OPC UA 的规范和标准来实现。

4.1.4　数据分发服务

1. 工业物联网的领导联盟

工业物联网（IIoT）的领导联盟由美国工业互联网联盟（IIC）和德国 Industrie 4.0（I4.0）平台组成。IIC 建立了一种跨工业行业的技术架构，但超越了技术架构，介入了供应链和产品生命周期，而工业 4.0 着重于制造业。这些目标和架构都是互补的，而且这两个组织正在共同绘制今后工业 4.0 和工业互联网之间实现和发展可互操作性的设计蓝图（见图 4-38）。

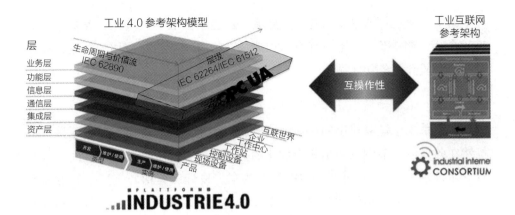

图 4-38　建立工业 4.0 和工业互联网间的可互操作性

（来源：IIC 网站）

2. 泛在连接性

泛在连接性是工业物联网系统中各种参与组件之间实现数据共享的一种基础技术。连接性为连接参与者之间提供功能域内、系统内跨功能域以及跨系统进行数据交换的能力。这些数据交换包括传感器的数据刷新、事件、报警、状态变化、命令以及组态刷新。简言之，连接性是跨功能域（由工业互联网参考架构所定义）的横向交互功能（见图 4-39）。

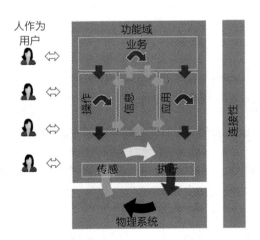

图 4-39　连接性是工业互联网各功能域间的横向交互功能

（来源：IIC 网站）

图中浅灰色箭头表示数据 / 信息流；白色箭头表示决策流；深灰色箭头表示命令 / 请求流。功能域有控制功能域、信息功能域、应用功能域、操作运营功能域和业务功能域。

目前，IIoT 领域中充斥着各种各样的专有连接性技术，并且拥有一些在垂直集成系统中针对较小的特定范围的应用案例及优化标准。这种连接技术虽然在各自应用范围内还是相当优化的，但是对于建立新的价值空间，以及打开全球的 IIoT 市场而言，却在数据共享、设计、架构乃至通信等方面是一种障碍。IIoT 连接性的首要目的是让这些相互隔离的孤立系统的数据开放流动，使得这些封闭的组件和子系统之间能够共享数据和实现可互操作性，各种行业内和跨行业的新型和新兴的生态应用得以形成和发展。

我们需要建立广泛领域的 IIoT 的连接性。通过定义 IIoT 连接性的堆叠模型和开放的连接性参考架构，使从事 IIoT 的各个利益攸关者，对手头正在开发和应用的连接性技术的适用性进行分类、评估和确认。

3. 工业互联网参考架构中连接性功能要求

IIRA 中连接性在整个架构中的任务是支持参与互联的系统中各端点之间进行数据交换。举例说，信息包括传感器刷新、远传数据、控制命令、报警、事件、状态变化或组态更新和按时间记录的数据等。基本上连接的任务就是在端点之间提供可互操作的通信，以保证各种组件的集成。连接性功能的目标是，为参与连接的端点间提供语法的可互操作性。

通信中的可互操作性有不同的抽象级别：从客户集成，到基于开放型标准的即插即用。按维基百科，可互操作性通常分类如下：

- 技术可互操作性，是指交换以位和字节表现的信息的能力。这建立在信息交换的基础结构已经存在的基础上，同时以基础架构下的网络和协议都有明确定义为前提。
- 语法可互操作性，是指交换以通常的数据结构表现的信息的能力。这建立在已经使用构造数据的公用协议的基础上，而且以信息交换的结

构已经明确定义为前提。语法可互操作性必须建立在技术可互操作性
已经实现的基础上。

- 语义可互操作性,是指在适当的所给出的信息解释的上下文条件下
(即语境)交换数据含义的能力。语义可互操作性以语法可互操作性
已经建立为前提。

4. 连接传输层和连接框架层的任务和范围

对于 IIoT 系统,连接性功能有两个功能层:连接传输层和连接框架层。
前者提供端点间传输数据的方法和手段,在数据交换中它实现端点之间的技
术可互操作性。此功能对应于 OSI 7 层模型的第 4 层(传输层),或对应于互
联网模型的传输层。连接框架层对被交换的数据以共同而明确的数据格式进
行结构化,且与端点的实现无关,与硬件和编程平台解耦,它提供端点之间
实现语法可互操作性的机制。在此连接框架层中,"公共数据结构"是指被
交换的数据的结构或模式。例如,我们所熟悉的编程语言中的数据结构和数
据库的模式。连接框架的功能对应 OSI 7 层模型中的第 5 层(会话层)至第
7 层(应用层),或互联网模型的应用层。IIoT 的连接性功能层的任务和范围
可见表 4-4。

在分布式数据可互操作性和管理功能中的数据服务框架,建立在由连接
框架层提供的语法可互操作性的基础上;工业互联网参考架构的动态合成和
协调功能,进一步要求语义可互操作性。

连接框架层在信息交换中为参与的端点提供逻辑数据交换服务。在此层
可观察和"理解"数据交换,同时运用相关知识来优化数据的传送。它是位
于连接传输层上部的逻辑功能层,而且并不需要知晓实现连接传输层的技
术。连接框架层为端点间提供语法可互操作性,所交换的数据的结构化具有
共同而明确的数据格式,与端点的实现无关,而且与硬件和编程平台解耦。
与端点后面的应用逻辑有关,可能要求一个或多个数据交换的模式,其中有
两个主要的数据交换模式:发布/订阅和请求/响应。

连接框架层的关键利益是将不同功能的实现加以抽象和隐藏，这样在连接框架中所使用的应用软件无须了解实现的具体方法，而是直接利用了连接框架层的功能。这样既减少了开发成本，又提高了生产能力和质量。

表 4-4　IIoT 连接性功能层的任务和范围

IIoT 连接堆叠模型	对应于 OSI 模型（ISO/IEC 749B）	对应于互联网模型（RFC 1122）	对应于可互操作性概念等级
框架层	7 应用层 6 表示层 5 会话层	应用层	语法可互操作性：端点间分享的结构化数据类型，对分享数据导入共同结构，即分享共同数据结构。在这一层交换数据时使用共同协议，交换数据的结构是明确定义的
传输层	4 传输层	传输层	技术可互操作性：端点间用明确的通信协议共享位和字节
网络层	3 网络层	互联网层	端点间共享可能不处于同样的物理链接的数据包，在物理链接之间用"网络路由器"对数据包进行路由
链接层	2 数据链路层	链路层	在共享的链路层端点间共享数字帧
物理层	1 物理层		在共享基层端点间进行模拟信号调制

5. 连接框架层和连接传输层的核心功能

连接框架层的核心功能包括数据资源模型、发布 / 订阅和请求 / 响应交换机制、数据的服务质量、数据的信息安全和可编程 API 等，如图 4-40 所示。

连接传输层为端点连接提供逻辑传输网络。连接传输类似一个在端点之间执行数据流动的不透明管道。连接传输层的关键任务是为端点之间提供技术可互操作性。连接传输的核心功能包括：端点寻址、通信模式、网络拓扑、连通性、优先管理、时序和同步，以及消息安全。连接传输层的核心功能如图 4-41 所示。

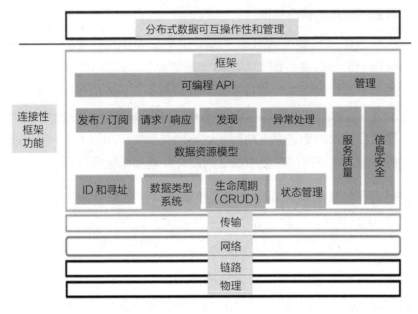

图 4-40　连接框架层的核心功能

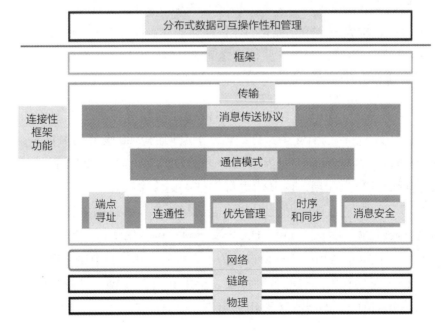

图 4-41　连接传输层的核心功能

6. 连接框架层的核心标准

IIoT 连接框架层标准给出原来主要用于相关垂直行业的连接标准（如 oneM2M 用于电信行业，OPC UA 用于制造业），为那些行业提供了赋能的技术特性，也能够为许多其他行业提供应用服务。另外的连接标准，例如数据分发服务（DDS）和互联网服务，原来是用于通用的、非特定行业的应用服务，显然也可以用于很多其他行业的不同类型的应用服务。传输层是专为框架层服务的，在框架层与传输层之间没有其他功能空间。

传输层与框架层的区别很重要。传输层一定要与一种数据类型系统配对，例如 MQTT 可与一种数据类型系统技术（如由 Google 开发的 protocol buffers）配对，同时可用来建立一种专用用户的连接框架。

显然，目前可供选用的连接性标准没有一个能全面满足 IIoT 系统的要求，能够完成高速运动的机器人生产线、离散制造业、过程控制系统等各种类型的工业生产系统和生产管理系统的数据流通和连接，为万物互联及人与物互联的超大规模系统提供无懈可击的连接性。为此需要选择若干个标准构成核心标准，构成一个相互补充的连接性标准簇。但这个标准簇又不能超过 3～4 个标准，否则，若为这些标准之间建立的核心网关的数量过多，数据的及时流动和实时流动则变得不切实际和不可实现。

图 4-42 显示了 IIoT 连接框架层和传输层的核心标准。由图可知，连接框架层的核心标准有 4 个：1 个是源于通用的 Web 服务的 HTTP；1 个是除美国以外其他国家工业界采用不多的 DDS；另外 2 个则是来源于某些垂直行业的特定应用，但显然也可以推广到许多行业，乃至跨行业的应用，即流行于制造业的 OPC UA 和由电信行业开发、目前主要用于家居自动化的 oneM2M。DDS 和 OPC UA 定义了自己的传输协议，而 Web 服务和 oneM2M 则依赖于通用的传输协议。为了完整的表达，图中还示出网络层以及更低的链路层和物理层的各种协议。运用 HTTP 的 Web 服务被称为专为应用程序使用的连接框架，主要用于用户互动的接口。

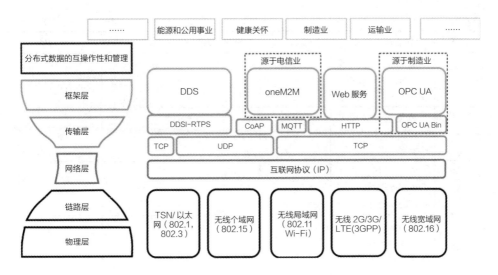

图 4-42　IIoT 系统连接性标准

选择核心标准的主要依据共 10 项，见表 4-5。其中前 5 项是必须具备的关键判据，只要有一项不符合要求就不能选用。

表 4-5　IIoT 连接框架核心标准的判据

序号	核心标准判据	DDS	Web 服务	OPC UA	oneM2M
1	提供语法可互操作性	√	需要 XML 或 JSON	√	√
2	国际开放性的独立标准	√	√	√	√
3	跨行业的应用性具有横向和中性特征	√	√	√	√
4	跨多个垂直行业有稳定广泛应用	软件集成和自主自知	√	制造业	家居自动化
5	对其他核心连接性标准具有标准定义的核心网关	Web 服务 OPC UA OneM2M	DDS OPC UA OneM2M	DDS Web 服务 OneM2M	DDS OPC UA Web 服务
6	满足连接框架标准的要求	√	×	发布 / 订阅 正在开发中	√

（续）

序号	核心标准判据	DDS	Web 服务	OPC UA	oneM2M
7	满足性能、可靠性、可扩展性、顺应能力等非功能性要求	√	×	实时正在开发中	文件中未报告或公开
8	满足信息安全和物理安全、国内安全的要求	√	√	√	√
9	不使用任何由单个供应商提供的不可替代的元器件	√	√	√	√
10	在商品化和开源两方面都具有容易采购特点的开发工具包SDK	√	√	√	√

7. 以数据为中心的系统的优势

相对于以平台为中心或以网络为中心的信息管理系统，以数据为中心的信息管理系统的系统资源受到诸多限制（例如通信带宽受限、连接性可能处于时断时续的间歇状态、连接存在噪声、处理和存储能力有限等），经常出现未曾预计的工作流，以及经常发生动态网络拓扑和网络节点的变化等情况下，仍要尽可能地保持信息管理系统的正常运行。这就是为什么美国国防部的战术信息管理系统，在历经以平台为中心和以网络为中心等多种解决方案后，选定以数据为中心的 DDS，并获得了满意的运行效果。除了上述原因之外，以平台为中心的系统一旦发生小的变化或缺少了任意一种资源，就会使整个系统瘫痪；以网络为中心的系统本质上是一种"事后诸葛亮"的系统，系统稍有变化就会使系统性能显著变差。

用以数据为中心的机制进行信息的通信传输，可以将所传输的信息进一步分类为：信号、流和状态。信号表示连续变化的数据（例如传感器的读数），信号通常以尽力而为的方式进行发送。所谓尽力而为发送就是以最大的网络传输能力发送，这意味着连续变化的数据不可能一个数据都不丢失。流数据表示数据对象以快速方式记录的数值，而这些数值必须在前面同样以快速方式记录下来的那些数值的前后关系或关联中予以解释。状态表示一组对象（或系统）的状态，被编成一组数据属性（或数据结构）的最新值。一个对象的状态没有必要随任意固定的周期变化。可能在一个长时间间隔没有变化之后，突然发生状态的快速变化。状态数据的订阅者一般都是关心最新的状态。但是，当状态长时间没有变化时，系统仍需确保最新状态能可靠地传送。换句话说，若某状态值丢失，就不能保证它一定会被接收到，此时系统只能等待到其值再次发生变化时，才能准确被接收。

8. DDS 简述

DDS 是美国 OMG 集团管理的一个基于发布 / 订阅（Pub/Sub）的连接性标准。正如图 4-43 所示，它是一个通过全局数据存储的方式，使信息处于高度分散分布的数据发布和数据订阅之间，并进行高质量的传递和发送。

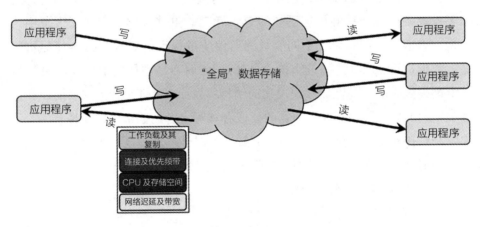

图 4-43　基于全局数据存储的 DDS

（来源：DDS 网站）

创立 DDS 的关键抽象是全分布的全局数据空间。在 DDS 规范中，要求实现的全局数据空间必须是全分布式的，以避免引入单点故障或单点瓶颈。全局数据空间执行对发布者和订阅者的动态发现，不依赖于任意种类的集中注册（有些其他的 Pub/Sub 技术例如 JMS，就是如此）。由于发布者和订阅者都是可以被动态发现的，所以它们可在任意点及时地参加或退出全局数据空间。全局数据空间也可以发现应用程序所定义的数据类型，并且将发现的这些数据类型加以传送，就如这是发现过程的一部分。当我们利用一个具有自动发现的全局数据空间的系统时，不需要对任何事项（包括参数设置和相关功能选项等）进行组态。任意参与者都会被自动发现，在被发现的同时，数据也开始流动。再者，由于全局数据空间是全分布式的，人们不必担心某个服务器引发的未知原因会影响系统的可用性。在 DDS 系统中不存在单点故障的问题，尽管应用程序会被冲击和重启，或者连接 / 断开，系统仍然在连续运行。

由于 DDS 只规定了两个层次（见图 4-44），在制定规范时充分考虑了性能 / 效率两者的平衡，且运行开销较少，所以运行高效，性能上佳。对于动态的变化，它通过元事件（mata-event）进行检测。DDS 还按照美国国防部战术信息管理系统的要求，规定了 QoS 的策略。例如，通过建立约定，可在多系统各层级中精确规定不同的 QoS 策略，这些策略可以在很大范围内变化，以满足不同系统、不同层级的通信质量保证的要求。DDS 还尽可能靠近数据进行处理（边缘计算概念的体现），而不是进行集中处理。DDS 通过解耦提供灵活、高性能和模块化的结构：发布者 / 订阅者为匿名的，在通信中它们的位置无关紧要；数据的读取者和写入者的数量可以是任意的，不加限制；在异步、连接断开、对时间敏感实时性要求很高、系统规模扩充或缩小的情况下，QoS 保证分布式数据的可靠分发；不依赖于平台和协议，便于移植，且具有可互操作的特性。

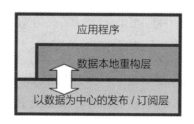

图 4-44　DDS 的层次

在 DDS 的架构中，处于底层的是以数据为中心的发布 / 订阅层（DCPS），其低层的 API 应用程序可按所规定的 QoS 策略，与其他赋有 DDS 功能的应用程序进行主题数据交换。处于上层的数据本地重构层（DLRL）的 API 定义如何构建本地对象的高速缓冲存储（cache），使应用程序可以存取主题数据，就如这些数据不在远程而在本地那样。DDS 规范只定义策略和应用程序序与服务之间的接口，并不考虑实现服务的不同参与者的通信协议和技术方法，也不关心 DDS 内部资源的管理。

2017 年 DDS 被美国工业互联网联盟（IIC）选定为工业物联网（IIoT）应用的连接框架核心标准，其主要目的是将组件（设备、网关或应用程序）与其他组件连接，使之成为实时系统和系统中系统（System of Systems，SoS）。组件互动是在一个分享的数据空间，而从不直接互动。因此也可称为以数据为中心的中间件标准。DDS 通过关系数据模型实现直接的"组件 – 数据 – 组件"的通信。DDS 也被称为数据总线，因为它模拟数据库中在移动的数据，而数据库只是管理存储于其中而非流动中的数据。数据库将已产生的数据进行存储，以便利用数据的有关属性进行搜索。与数据库不同的是，数据总线通过数据属性过滤参与通信的数据，管理正在发生和将要发生的数据。以数据为中心使数据库本质上是个大型的存储系统；以数据为中心使数据总线成为 IIoT 软件集成和自治运行的一种基本技术。

类似于对存储数据进行存取控制的方法，数据总线用许多同时发生的组件控制数据存取和刷新。其核心是 DDS 以数据为中心构建了发布 / 订阅的数据交换机制。但是标准还定义了请求 – 应答的数据交换机制。关键的抽象是各个应用程序使用数据总线本身进行互动，而不是让应用程序直接与其他参与的应用程序进行互动。DDS 提供精确的以数据为中心的服务质量（QoS），包括可靠的多播、可组态的传送、多种级别的数据持续时间、历史数据、组件和传输冗余自动发现、连接管理，以及无须知晓传输细节、以数据为中心的传输信息安全。此外，一对多、多对一的通信是其很突出的特点。DDS 提供有力的方法以过滤和精确选择什么数据送到哪里，而这个"哪里"的目标可以是几千个同时发生的组件。为了支持小的边缘设备，一个轻量级的 DDS 版本可运行在有资源限制的嵌入式环境中。DDS 数据总线保证超可靠的运行，并且简化了应用程序的编码。它不要求服务，极容易组态和操作，因而消除了故障点和阻塞点。一个基于 DDS 的系统不存在组件之间的应用编码互动。DDS 自动发现和连接正在发布和正在接收的组件，有新的组件（如智能机械）加入系统时不必进行组态变更。组件可以自行开发，或由独立的第三方提供。DDS 克服了点对点系统存在的问题，诸如缺乏可扩展的性能、可互操作性以及逐渐演进发展架构的能力。它具有即插即用的简单性、可扩展性和特别好的实时性能。

概括地说，通过 DDS 的基础架构（见图 4-45）使得各种不同类型的设备、应用程序或路由器之间能够进行由 QoS 保证的通信。

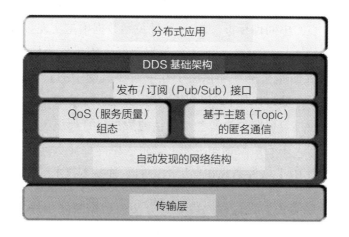

图 4-45　DDS 的基础架构

自从 2004 年 OMG 采用 DDS 标准后，DDS 用了不到 6 年的时间就成功地确立了在分布式大数据的发布 / 订阅技术方面不可动摇的地位，其应用领域包括雷达信号处理、无人机飞行和着陆、空中交通控制管理、大规模监控系统等，而且被一些重要的行政管理机构（如美国海军、美国国防部信息技术标准注册机构等）推荐为实时数据分发的技术方法。此后，由于其灵活性、可靠性以及快速构建复杂系统或实时系统的特点，DDS 通常用来进行系统集成和构建自治系统。总之，DDS 是一种经过验证的高可靠、高性能的构建大规模跨垂直行业的 IIoT 软件系统的技术。

9. DDS 标准

（1）DDS 标准简介

DDS 标准包括实时系统数据分发服务规范 DDS V1.2 和数据分发服务互操作性连接协议 DDSI V2.1。DDS API 标准保证源代码跨不同软件供应商的可移植性，而 DDSI 则保证跨不同软件供应商在实现 DDS 时的连接互操作性。DDS API 标准定义几个不同的配置文件（见图 4-46），以增强具有内容过滤、持久性和自动故障恢复的实时发布 / 订阅的能力，以及透明集成到面向对象的语言中去。

图 4-46　DDS 系列标准

以下列出主要的 DDS 标准，包括核心标准、扩展标准和服务标准。

核心标准：

- DDS V1.4，描述用于分布式应用软件的通信和集成的以数据为中心的发布 / 订阅（Pub/Sub）模型。

- DDSI-RTPS V2.2，定义实时发布 – 订阅协议（RTPS）、DDS 互操作性连接协议。

扩展标准：

- DDS-XTypes V1.1，定义 DDS 的可扩展和动态主题类型（Extensible and Dynamic Topic Type）。
- DDS-Security V1.0，定义符合 DDS 实现的信息安全模型和服务插入接口（Service Plugin Interface，SPI）。
- DDS-RPC V1.0，规范提供与语言无关的服务定义和用 DDS 执行服务 / 远程程序调用。支持自动发现、同步和异步调用，以及 QoS。

服务标准：

- DDS-Web V1.0，定义与平台无关的抽象互动模型，以指导 Web 客户对 DDS 系统进行存取，并定义一组对具体 Web 平台的映射，以采用标准 Web 技术和协议实现平台无关模型（Platform Independent Model, PIM）。

　　下面通过一个典型例子来看 DDS 过滤数据的强大能力。在一个区域同时有 10 000 部汽车在行驶，系统需要捕捉在 200m 范围内以 10m/s 的速度向某一目标运动的汽车的行驶轨迹。在该区域内所有可能路径均布置有位置传感器，如果传感器每秒刷新 1000 次，要求每刷新 5 次时把汽车的位置发送给系统。也就是说，每个传感器必须能够存储 600 个老的采样值（每秒采集 200 个位置数据，连续采集 3s 的数据存入传感器的缓冲存储区）。假设每秒钟这 10 000 部汽车的位置被传感器检测 1000 次，但仅仅有 3 部汽车在 200m 范围内，那么系统将会从 $10\ 000 \times 1000 = 10\ 000\ 000$ 个采样来发现 $3 \times 200 = 600$ 个采样数据。设想为此系统要付出什么样的代价。

　　如果有一个应用程序能精确地接收所关注的 600 个采样值，而且信息的流量率和可靠性是有保证的，我们只需采用像 DDS 这样的数据总线，在源

头上从 1×10^7 个数据中过滤出 600 个符合约束条件的数据，这样总的数据流减少 99.994%。

DDS 是如何实现这种高效的数据传送呢？ DDS 通过主题（Topic）将发布者和订阅者加以连接。主题是：为设定目的而采集的相关给定数据类型的所有"实例"，用于提供基于内容的订阅。主题包括主题名、类型和一组 QoS 策略，类型中包含一个名为 key（钥匙）的子集。如图 4-47 中所示，主题名为"MySensor"，类型是"AnalogSensor"，钥匙是 sensor_id。主题在域中必须是唯一的。不同的主题可以有相同的类型。多主题对应于 SQL 的 join，内容过滤主题对应于 SQL 的 select。可以调用 ContentFilteredTopic（使订阅端智能地接收符合过滤条件的刷新数据，见图 4-48）和 MultiTopic（使订阅端可以接收多个主题，并且可对这些主题进行重组，例如订阅"压力"和"温度"，并将压力和温度重组为新的数据类型，struct { float pres; float temp; };) 来控制订阅的范围。还可以通过钥匙（key）进一步定义，缩小数据目标，如对需要建模的动态目标（例如跟踪）；还可显著减少系统的规模（见上述过滤的例子）；用于可靠的多送一（即报警主题）。

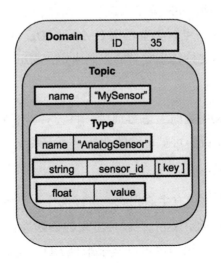

图 4-47　DDS 定义的主题名、类型和钥匙

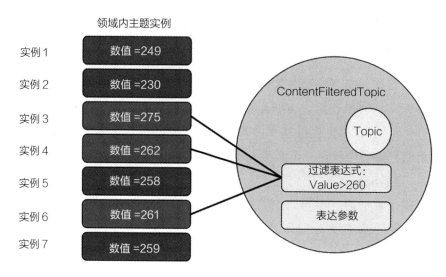

图 4-48   具有内容过滤的主题举例

（来源：Industrial Ethernet Book 网站）

用另外的一种表述，我们可以理解为，在 DDS 中主题就是数据由发布者流向订阅者的载体，表示一个信息单元可以被产生或被使用。主题由类型、唯一的名称和一组 QoS 策略三项定义而成，QoS 策略用来控制与主题相关联的非功能特性。主题类型可用 OMG 的 IDL（接口描述语言）标准的子集来表示，它用不支持任意类型的限制来定义 struct 类型。结构的嵌套也是允许的。

如果我们在定义主题时考虑得周到，将会有以下的效果：更好的接口，更容易集成，有助于改善可扩可缩的性能，减少系统的规模，而且启动时间更快，发现时间更快。

在定义的主题类型中有主题钥匙，可以选择一个或多个数据元素作为该类型的钥匙。DDS 将利用这个钥匙对传入的数据进行分类。通过规定一个数据元素作为钥匙，应用程序可以检索来自 DDS 的数据，使其与一个特定的钥匙匹配，或者与一系列钥匙中的下一个钥匙匹配。持有的钥匙将这些数据容器定义为一个实例。钥匙提供了可扩可缩的特性。如果一个应用程序有多个具有相同钥匙的相同主题的发布者，将使该应用程序提供某个主题的冗余。通过设定 QoS 的参数 Ownership 和 Ownership Strength 来建立冗余。

对照图 4-47，一个 DDS 的类型（Type）用数据项的一个集合体可表示为

```
struct AnalogSensor {
    string sensor_id; // key
float value; // other sensor data
    };
```

将集合体的一个子集指定为 key。例如：#pragma DDS_KEY Analog Sensor::sensor_id。类型（Type）与生成的代码相关联：

```
AnalogSensorDataWriter    // write values
AnalogSensorDataReader    // read values
AnalogSensorType // can register itself with Domain
```

图 4-48 示出具有内容过滤的主题，其过滤表达式和过滤参数是 Value > 260。在域内相关主题的所有实例中，只有大于 260 的数值，即实例 3、实例 4 和实例 6 才能被传送到订阅了具有这个内容过滤的主题的订阅端。

（2）DDS 的 QoS 策略

DDS 通过设定 QoS 策略，可在很大范围内提供非功能特性（如数据的可用性、数据传送、数据的时效和资源利用）的明确选择。对于传统系统，这些策略控制关键的数据非功能特性；而对于 SoS 则是绝对必要的。每个 DDS 实体（如一个主题、数据读取者和数据写入者等）都可以使用所提供的 QoS 策略的一个子集。这些控制端到端特性的策略可考虑作为订阅匹配的一部分。DDS 订阅要匹配主题类型和名称，以及匹配由数据读取者和数据写入者提供 / 请求的 QoS 策略。DDS 所提供的这种匹配机制确保了端到端的数据类型的一致，同时也保持了端到端的 QoS 策略。

以下介绍 DDS 的主要的几种 QoS 策略，它们是：数据的可用性（data availability），数据传送（data delivery），数据的时效（data timeliness），资源（resources），组态（configuration）。

① 数据的可用性

QoS 策略数据的可用性包括数据的持久时间（DURABILITY），指写入一个 DDS 域中的数据的时间生命周期。持久时间的级别有如下几种。

- VOLATILE：指定一个数据的发布不为 DDS 所维护，即不会传送至后续参与的应用程序。
- TRANSIENT LOCAL：指定发布者在本地存储数据，不进入全局数据空间。这样后续参与的订阅者只能获得该发布者的最新的数据（如果该发布者还在 DDS 域内，没有退出）。
- TRANSIENT：指定由全局数据空间保持数据信息，使后续的订阅者都能利用这些信息，而不是由任意发布者的本地空间保存信息。
- PERSISTEN：指定由全局数据空间永久存储该数据信息，即使整个系统关停并再启动后，还能让后续的参与者使用这些信息。持续时间的实现依赖于 QoS 非易失性主题的持续时间服务。数据采样的有效时间间隔（LIFESPAN）——此 QoS 策略控制数据采样有效期间的时间间隔。默认值为无限值，也可以是其他保持数据的时间间隔值。数据采样的总计时间（HISTORY）——此 QoS 策略控制数据采样需要多长时间，即连续写入同一个主题的时间，以保证达到写入者或读入者要求存储的数据的数量。设定的值可以是最新值、最新的 n 个值或所有的采样值。DDS 的数据可用性策略在时间和空间上为应用程序持续解耦，也使得在高度动态的环境下（其特征是不断有发布者 / 订阅者加入和退出时），这些应用程序还能够正常运行。在 SoS 中这些特性特别有用，因为这些特性提升了系统中的组件和各种参与者的解耦能力。

② 数据传送

DDS 提供下列 QoS 策略来控制数据如何传送，以及发布者应该如何声明其对数据刷新的独有的权利。

- 信息展现（PRESENTATION）：控制向订阅者展现的信息模型，即给出控制数据刷新的顺序和相关性。其应用范围是定义存取范围，具体有 INSTANCE 级、TOPIC 级或 GROUP 级。

- 可靠性（RELIABILITY）：此 QoS 策略控制与数据相关联的传送的可靠性级别，可选择的是 RELIABLE（可靠性）和 BEST EFFORT（尽力）。尽力模式应用于传送流数据，延迟最小，但丢失的数据包不能再找回来。可靠性模式用于命令和事件的传送，在超时后可找回丢失的数据包，每个数据包都会按发送的顺序逐个接收。一般难以同时具备可靠性和确定性，所以 DDS 的可靠性是可调的，可按每个订阅进行调节。

- 划分（PARTITION）：此 QoS 策略控制 DDS 各划分部分（用字符串名称来表示）与指定的发布者 / 订阅者之间的关联。这一关联为 DDS 提供以抽象方法来实现一种由不同的划分部分所产生的数据流动的隔离，由此来改善整个系统的可扩可缩的性能和其他性能。QoS 策略目标顺序（DESTINATION ORDER）可以改变由发布端产生的一定主题的若干实例的顺序。DDS 允许按照源或目标的时间戳进行不同顺序的改变。QoS 策略写入存取权（OWNERSHIP）控制在有多个写入者可以写入时，究竟哪一个写入者拥有写入某个主题的存入权。若 OWNERSHIP 是排他的（EXCLUSIVE），只有一个具有最高 OWNERSHIP STRENGTH 的写入者可以发布数据。如果 OWNERSHIP 的值是共享，则多个写入者可以同时对一个主题进行刷新。由此可见，OWNERSHIP 可以管理相同数据的重复的写入者。

这些 DDS 的数据传送 QoS 策略控制数据的可靠性和可用性，使得有关的正确数据能在正确的时间传送到正确的目标节点。更灵巧的选择数据的方法是由 DDS 提供的内容检测的方法，允许应用程序选择感兴趣的或与所需要的内容有关的信息进行传送。这些 QoS 策略在 SoS 中尤其有用，因为它们可用来精确而真实地传送所要传送的数据，不仅限制所用资源的数量，而且还可以通过独立的数据流使干扰的程度最小化。

③ 数据的时效

DDS 提供下列 QoS 策略来控制分布式数据的时间特性：QoS 策略 DEADLINE 允许应用程序定义数据最大的相互到达时间（inter-arrival time）。DDS 可通过组态来自动告知截止时间已过。QoS 策略 LATENCY BUDGET 为应用程序提供一种方法来通知与 DDS 所传送的数据相关联的紧急事件，LATENCY BUDGET 指定 DDS 必须发布分布式信息的时间周期。这个时间周期从发布者写入的瞬间开始，直到数据在订阅者的缓冲高速存储中准备好，可为读取者使用为止。QoS 策略 TRANSPORT PRIORITY 允许应用程序控制与主题或与主题的实例相关联的重要程度，这样可以使 DDS 实现让重要数据的传送优先于相对不重要的数据。

以任务为关键（mission-critical）的信息可借助这些 QoS 策略重构共享运行的情景。这些数据时效的 QoS 策略还可以控制数据的暂存特性。在 SoS 中这些特性特别有用，因为这些策略可以用来定义和控制各种不同的子系统交换的数据需要暂存的时间，以确保带宽的优化利用。

④ 资源

DDS 定义下列 QoS 策略来控制网络和计算机的资源能真正满足数据传送的要求：QoS 策略 TIME BASED FILTER 允许应用程序指定数据采样之间相互到达的最小时间，由此表达能以多大的速率使用数据的能力。以高于此设定速率所产生的采样，将不被传送。DDS 借助这一 QoS 策略在带宽有限的网络中，或在计算能力有限的情况下为订阅者实现优化的带宽、存储空间和处理能力。QoS 策略 RESOURCE LIMITS 允许应用程序控制最大的可用存储空间，以保持主题实例和有关的历史采样数据。

QoS 策略支持不同单元和操作场景构成以网络为中心的 mission-critical 的信息管理。通过运用这些 QoS 策略，可规划从低端的嵌入式系统与窄带宽且噪声大的无线网络连接，到高端的服务器与高速的光纤网络连接。这些 DDS 资源 QoS 策略为就地资源和端到端的资源（诸如存储空间和网络带宽）提供了控制手段。这些特性尤其在 SoS 中很有用处，因为它们由大型异构的子系统、设备和网络链接所形成，要求减少采样（down-sampling）以及对所用的资源的数量进行整体的可控限制。

⑤ 组态

除了上述的 QoS 策略提供对数据传送、可用性、时间表和资源利用等方面的最重要的控制以外，DDS 也支持提供以下 QoS 策略的定义和用户指定的自动引导信息：QoS 策略 USER DATA 允许应用程序把一系列的字节流与域的参与者、数据读入者和数据写入者相关联。随后用内在的主题进行发送。这一 QoS 策略通常用来分发信息安全证书。QoS 策略 TOPIC DATA 允许应用程序将一系列字节流与某一主题相关联。这一自动引导信息用内在的主题进行分发。此 QoS 策略常用附加的信息扩展主题或元信息（如 IDL 类型代码或 XML scheme）。QoS 策略 GROUP DATA 允许应用程序将一系列字节流与发布者和订阅者相关联，这一自动引导信息使用内在的主题来分发。典型的使用是对订阅匹配进行附加的应用控制。

这些可进行组态的 DDS 的 QoS 策略，为在 SoS 中运行引导和组态应用提供有用的机制。在 SoS 中这一机制很有用，因为它提供一种组态信息的完全的分发方法。

（3）DDS 在工业 4.0 中的适用性

在德国工业 4.0 的实践中，OPC UA 在通信中的地位首先获得了普遍肯定。但仅仅采用 OPC UA 并不能满足其全面的联通性要求。随着工业 4.0 的内涵和外延在不断地扩展和丰富，工业 4.0 和工业互联网之间的互操作，以及基于价值的服务，不仅被提上日程，而且在迅速推进。于是扩展其联通性的工作引起了广泛重视。2017 年德国和日本工业界进行交流时，德国 ZVEI 协会曾提出将 DDS 和 OPC UA 纳入工业 4.0 参考架构模型 RAMI4.0 中的通信标准（见图 4-49）。接着，又有 ADLink 收购了美国从事 DDS 开发应用的 Vortex Technologies，DDS 可以用于 RAMI4.0 描述的三个维度。如图 4-50 所示，鉴于 DDS 着重于通信和信息，用于分布式数据的表达和分享，所以在 Hierarchy Level 这一维度可以用在由控制设备（control device）层级往上到外部层；在生命周期与价值流这一维度，DDS 可用于从产品开发阶段到产品生产、销售和使用阶段；在由物理世界映射到数字虚拟世界的层级这一维度，可以用在从通信层向上到经营业务层。

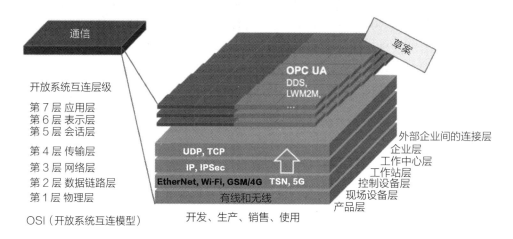

图 4-49　德国 ZVEI 提出将 DDS 纳入 RAMI4.0 的通信标准

（来源：ZVEI 网站）

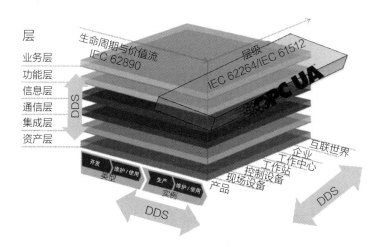

图 4-50　DDS 在 RAMI4.0 中的适用性表达

（来源：ZVEI 网站）

工业互联网和工业 4.0 要将原材料、设备、制造流程、产品、维护服务和参与全过程的管理和制造人员等进行必要的适时连接，从全局和全周期的视角优化生产和服务，就一定要建立强有力的泛在连接性。

美国 IIC 选择 DDS、OPC UA、oneM2M 和 HTTP 作为其连接性的核心标准，已在工业界（尤其在德国）得到积极响应。当然，这一推进过程是长期的，优势的显现也需要很长的过程。目前的现实是，在工业物联网领域中存在着多种专有连接性技术，在垂直集成系统中，也有针对一些较小的特定范围的应用案例及优化标准。这些特定范围的连接性技术虽然在各自应用范围内还是相当优化的，但是对于建立新的价值空间，以及打开全球的工业互联网市场来说，在数据共享、设计、架构乃至通信等方面却是一种障碍。泛在连接性的首要目的是要让这些相互隔离的孤立系统的数据开放流动，使得这些封闭的组件和子系统之间能够共享数据和实现可互操作性，以至行业内和跨行业的新型和新兴的生态应用得以形成和发展。所以，泛在连接性的核心标准的推进是一个方向性的问题。如果不在早期引起重视，任其自行其是，以后再行统一，付出的代价将是十分可观的。

4.1.5 确定性 IP 网络

工业自动化控制系统中许多场景需要工业现场总线来保证控制器与传感器、执行器之间的确定性通信。工业现场总线可以分为基于 RS485 的以及基于工业以太网的两种，而基于工业以太网的现场总线又可以分为基于 IP 的或者直接基于 MAC 层的两种。近年来基于以太网的工业现场总线已经占据了主流地位，而当前互联网 TCP/IP 技术无法提供高精度确定性时延的数据传输服务，无法直接应用于工业现场网络。随着 TSN、5GURLLC、Wi-Fi 6、工业 PON 等新技术的涌现，都希望解决工业现场总线的确定性通信。

确定性 IP（Determinstic IP，DIP）在传统 IP 网络的基础上，通过建立"高速专用通道"消除因排队带来的转发抖动，从"统计复用，尽力而为的服务"向"确定性延时抖动"转变，可以真正实现端到端的确定性通信网络，从而最大限度地提升组网灵活性，提升产线的柔性。根据实验室测试，基于确定性 IP 网络的工厂内，IP 网络可以达到微秒级通信时延，而边缘网关到现场传输也能保证在 1ms 内，甚至长距离通信也能保持在毫秒级。除了确定性的保证，DIP 同时还有三大优点：首先，基于 IP 协议的工业网络无须像现有工业现场总线那样先配置后使用，任意节点都可以实现即插即用，即使任意节点出现故障，也不会影响其他节点正常运行，大幅度提升可靠性；其次，DIP 无须在设备端做任意修改或者使用任何专用芯片，仅需替换路由器及网关即可实现提升，现有工业现场总线（ProfiNet、Modbus TCP、EtherCAT 等）都可以直接穿透 DIP，工业大量现有系统无须升级改造，即可实现大幅性能提升；最后，DIP 能提供点对点确定性通信，打破了现有工业现场总线形态，提供了灵活的组网方式，基于 DIP 能够真正打通 OT 与 IT 网络，实现一网到底。

2021 年 6 月，华为联合紫金山实验室、上海交通大学、宝信软件，一起完成了全球首个广域云化 PLC 的试验。在沪宁间跨近 600km、4 台 DIP 设备的确定性广域网上，广域云化 PLC 工业控制系统稳定运行。重载背景流量冲击下，网络延时小于 4ms，延时抖动小于 20μs，整个控制周期稳定在 6ms，满足了远程集中工业控制的典型需求。试验平台（见图 4-51）采用标准 IP 协议，基于 IEC 61499 标准的 PLC 集成开发环境及运行环境，构筑下一代工业控制系统。

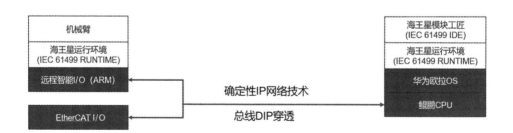

图 4-51　全球首个广域云化 PLC 试验示意图

4.2　工业 4.0 管理壳

4.2.1　工业 4.0 参考架构模型 RAMI4.0 和资产管理壳的概念

在工业 4.0 中，资产是"对生产组织具有价值的对象"，处于核心的重要地位。资产几乎可以以任意形式出现，譬如生产系统 / 产品 / 已经安装的软件 / 智能特性，甚至人力资源。RAMI4.0 从结构化的视角用一种三维的多层级的模型描述资产的要素。它将复杂的相互关系拆解为更小的易于管理的部分，通过在资产生命周期的某一点将所有三维合并起来，表达每个相关的方面。于是资产便在信息世界中具有其相关的逻辑表达，便于对 IT 系统进行管理。资产必须精确地被识别为一个实体，在其生命周期内（至少在其开发阶段或实现阶段）具有特定的状态，具有通信的能力，还能用信息的方法和手段予以表达，能够提供技术的功能性。由此可见，所谓资产管理壳（Asset Administration Shell, AAS）就是资产在信息世界中的逻辑表达。资产及其管理壳合起来就是工业 4.0 的基本元件。

在工业 4.0 和智能制造中存在数量巨大的资产，用管理壳这种一致的方式在信息世界中处理这些资产，大大降低了复杂性，而且具有良好的可扩展性，可扩可缩。图 4-52 表示了工业 4.0 与资产之间的紧密联系。图的右侧部分表示工业 4.0 的基本元件由物理世界中的资产及其在信息世界中的逻辑表达——管理壳构成。图的左侧部分显示了 5 个层次的内容。

可采用三维模型来表达工业 4.0 的参考架构模型（见图 4-53）。从不同的视角表达诸如数据映射、功能描述、通信行为、硬件 / 资产或业务流程。这里借用了 IT 行业将复杂项目划分为若干个可以管理的部分的思维。左面的横轴表达产品生命周期及其所包含的价值链，可在参考架构模型中表示整个生命周期内的相关性（例如持续的数据采集之间的相关性）。右面的横轴表达工厂的功能性和响应性，即工厂功能的分层结构。

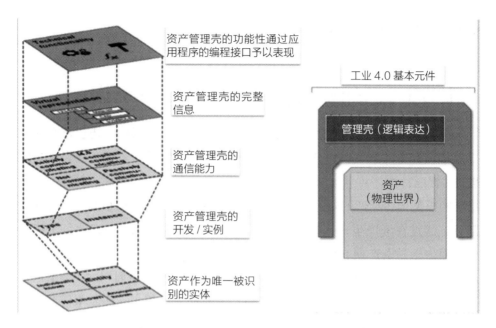

资产管理壳的功能性通过应用程序的编程接口予以表现

资产管理壳的完整信息

资产管理壳的通信能力

资产管理壳的开发 / 实例

资产作为唯一被识别的实体

工业 4.0 基本元件

管理壳（逻辑表达）

资产（物理世界）

图 4-52　工业 4.0 与资产之间的紧密联系

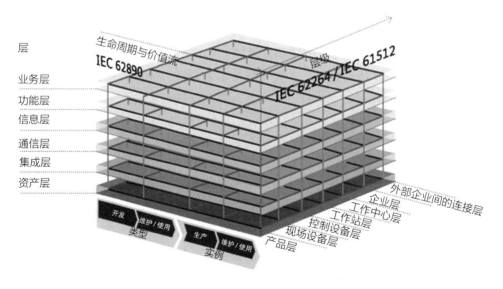

图 4-53　工业 4.0 参考架构模型 RAMI4.0（三维）

（来源：ZVEI 网站）

为便于将物理系统按其功能特性分层进行虚拟映射，按照 IT 和通信技术常用的方法，将纵轴自上而下划分为 6 个层级：业务层、功能层、信息层、通信层、集成层、资产层。

资产层处于最低层，连同其上层的集成层一起被用来对各种资产进行数字化的虚拟表达。用资产层来表达物理部件 / 硬件 / 软件 / 文件等实体，物理部件包括直线运动的轴、金属部件、电路图、技术文件、历史记录等。人也作为资产层的一部分，通过集成层与虚拟世界相连接。资产层与集成层的连接是无源（passive）连接。

图 4-54 清晰表达了 RAMI4.0 和物理 – 数字化架构及递阶关系。把物理实体（包括硬件、软件、工程文件等）通过数字化演化为能在虚拟世界完整表达、通信、推理、判断、决策等，让控制信息和业务信息都能实时传递、交换和处理，从而使企业中的各类资产都能互联、互操作。根据不同资产的作用，当为数字资产创建相互之间的关联后，还应该按控制和业务的不同需求来描述它们之间的点对点扁平化通信模型。

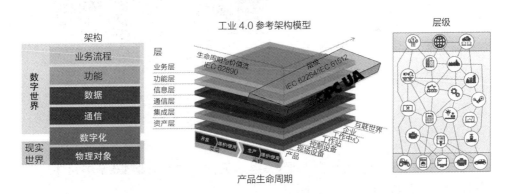

图 4-54　工业 4.0 参考架构模型 RAMI4.0 和物理 – 数字化架构及递阶关系

4.2.2　工业 4.0 基本元件模型

工业 4.0 基本元件是一个描述信息物理系统（CPS）详细特性的模型。CPS 是一种在生产环境中的真实物理对象通过与其虚拟对象和过程进行联网通信的系统。在生产环境中，从生产系统和机械装置到装置中的各类模块，只要满足了上述这些特性，不管是硬件基本元件还是软件基本元件，都具备和符合了工业 4.0 要求的能力。

图 4-55 列举了 4 个工业 4.0 基本元件的例子。

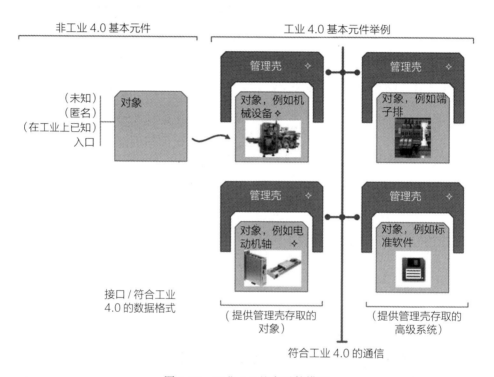

图 4-55   工业 4.0 基本元件模型

1）一整套机械装置作为工业 4.0 基本元件，这类工业 4.0 基本元件是由机械制造商来实现的。

2）由专门供应厂商提供的关键部件（例如电动机轴），也可看成是一类工业 4.0 基本元件，由部件制造厂商实现。它们往往可以分开登录，譬如可分别在资产管理系统和维护管理系统中登录。

3）还可以把一些构成零部件看成是工业 4.0 基本元件，例如一个端子排，不但是连通信号的接线，而且在整个机械装置的生命周期中还起着传输数据的作用。这种工业 4.0 基本元件的实现者往往是电气工程师或技术员。

4）软件也是生产系统中的重要资产，它们也是工业 4.0 基本元件。例如一个独立的规划或者工具性工程软件，甚至一个功能块库。其实现者可以是软件供应商，也可以是控制器应用程序的编程工程师，等等。

成为工业 4.0 基本元件的一个先决条件是：它必须在整个生命周期内采集所有相关数据，存放在该基本元件所承载的具有信息安全的电子容器内，并把这些数据提供给企业参与价值链的过程。在工业 4.0 基本元件的模型中，这个电子容器称为"管理壳"。还有一个先决条件是：基本元件的真实对象必须具有通信能力，以及相应的数据和功能。这样，生产环境中的硬件单元和软件单元之间都能进行符合工业 4.0 要求的通信。

由图 4-56 可知，资产构成工业 4.0 基本元件（物理的／非物理的）的实体部分，管理壳构成工业 4.0 基本元件的虚拟部分，工业 4.0 的通信将各种基本元件加以连接。

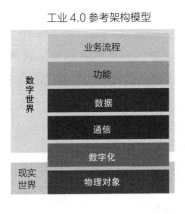
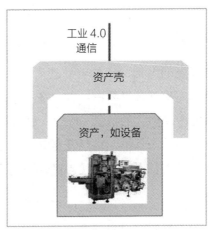

图 4-56   参照 RAMI4.0 观察工业 4.0 基本元件的特性

任何一种机械装置的重要部分原则上都是由各类工业 4.0 基本元件组成。譬如图 4-57 中端子排、电动机轴、设备和由这台设备加工出来的产品

（运动鞋）。这些资产通过工业 4.0 的通信连接起来，设备则由生产网络中的 PLC 进行控制。由此可以得出以下结论：工业 4.0 基本元件是网络化的基础元件，生产制造出来的产品的服务策略也因此建立了相互连接，因而即使没有实际的电子接口的元件也具有同等的权利，为建立业务价值的深度表达提供了可行的技术路径。

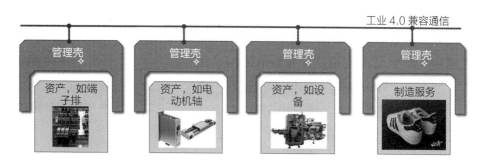

图 4-57　机械装置由各类工业 4.0 基本元件组成

4.2.3　资产管理壳的基本结构

如图 4-58 所示，资产管理壳的基本结构包括：资产识别码；管理壳识别码；表征资产管理壳特性的多个子模型。

管理壳的结构应该能够处理诸如存取保护、可见性、识别和权利管理、机密性和完整性等必要的特性。在一个组织单元内每一个伙伴都能够随意存取管理壳中所包含的信息（特性、数据和功能），或者说这些信息的完整性和可用性应该给予保证。信息安全需要给予足够关注，而且必须与整体的信息安全相一致，信息安全的实现必须与整个系统的其他基本元件的信息安全一起实现。

每个子模型包含特性的结构化数值（使用的数据和功能）。特性的标准化格式基于国际标准 IEC 61360-1/ISO 13584-42。因此，有关特性数值的定义应该严格遵循 ISO 29002-10 和 IEC 62832-2。数据和功能也可以使用其他一些补充的格式。

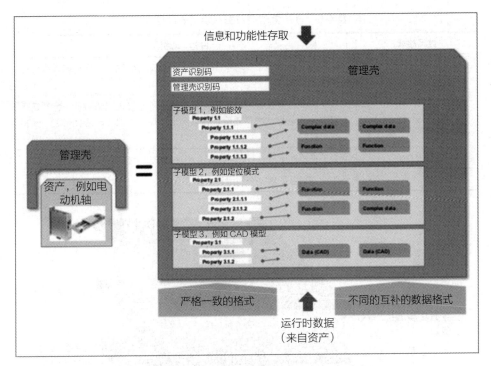

图 4-58 资产管理壳的基本结构

（来源：ZVEI SG Modelle & Standards）

所有子模型的特性都是管理壳的关键信息（也就是工业 4.0 基本元件的关键信息）的可读性的指引目录。为了能与语义绑定，管理壳、资产、子模型和特性都必须清晰地加以识别。允许的全球识别码是 IRDI（譬如 ISO TS 29002-5、eCl@ss 和 IEC 公用数据词典）以及 URI（Unique Resource Identifier）。

资产管理壳数据交换运用了多种数据格式，如 OPC UA、XML、JSON、AutomationML 和 RDF。表 4-6 给出了这几种数据交换格式的区别。图 4-59 用图形表示这些数据格式的相互补充配合的关系。

表 4-6　资产管理壳数据交换格式的区别

数据格式	目的／动机
OPC UA 信息模型	存取所有的管理数据和共享生产运行的实时数据。工厂高端系统信息的存取
AutomationML	共享在设计开发试制阶段和实际生产阶段有关资产的信息，特别是在工程方面的信息。将这些信息转移到生产操作阶段（参见 OPC UA 和相应的映射）
XML 和 JSON	为了在不同阶段进行技术通信，将这些信息串行化
RDF	使这些信息能够完全使用语义技术的优点

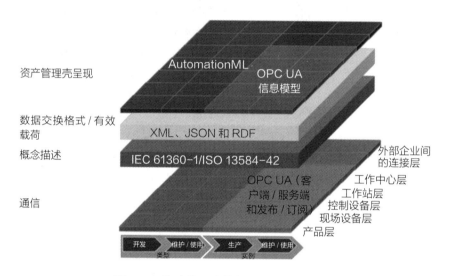

图 4-59　资产管理壳数据交换的图形表示

4.2.4　工业 4.0 基本元件的开发实践概述

在以上顶层设计概念的基础上，有可能为所有现有的工业资产提供数字化的实现。人们常说智能制造的基础是数字化，数字化的核心是建模。那么我们就来分析一下德国工业界是怎样对资产进行这一过程的。

首先是设计全世界亿万万数量级的工业资产的唯一标识及其链接方式，以便为今后对这些资产进行虚拟描述打好基础。图 4-60 表述的就是这种统一的格式。标识符是 URL，为每一种资产提供唯一的识别符，并与该资产对应的管理壳对应，该标识符既参照该资产的物理分类（按照国际标准 ISO 29002-5），又可链接该资产的管理壳，而管理壳的虚拟描述完全建立在其物理特性和相关数据之上。

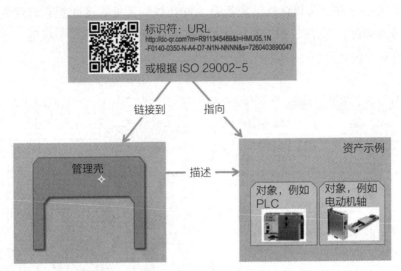

图 4-60　资产通过数字化纳入工业 4.0 基本元件范畴

用标准化的唯一标识符识别分类项和相关知识。图 4-61 表述按照 ISO 29002-5，即《工业自动化系统和集成　特征数据交换》的第五部分"标识方法"，利用分类产品描述的软件 eCl@ss Version9.1，用 URI 和 URL 进行唯一资源标识和唯一资源定位。图的左面部分是全球标识符 # 1，右面部分是全球标识符 # 2，对应 URI 和 URL。ISO 29002-5 规定了唯一标识管理项的数据元素和语法。管理项可以是概念词典中的一个概念或概念信息元素。概念信息元素包括如下的术语内容（名称、缩略词、定义、图片、符号等），将一个概念归类于某个相同概念类（概念类型），以及参照于源文件。

要真正实现工业 4.0，需要在全世界范围内（注意，不仅仅在德国范围内）组织开发数量极大、类型众多、标准化数字化的基本元件库。进行这项涉及面极广的组织工程，首先要保护工程领域的核心功能性（例如气动工程、焊接等）；其次要造就具有最大化的灵活性，同时又能保护每个公司的信息网络；再次是为了采购、系统集成工程、维护等需要，必须持续地提高可互操作性和客户的利益。不过面对的现实却是：如何使各个公司的标准、不同的数据格式和性质集合（set of properties）实施合理的开放；为建立工业 4.0 基本元件库，在各个公司的利益和公众利益之间取得平衡，"两相情愿"地淡化公司标准和查找性质集合。好在国际工业标准化组织已经建立了这方面的国际标准 IEC 61360/ISO 13584，只要严格遵循这个标准，就能够有组织有规则地进行。

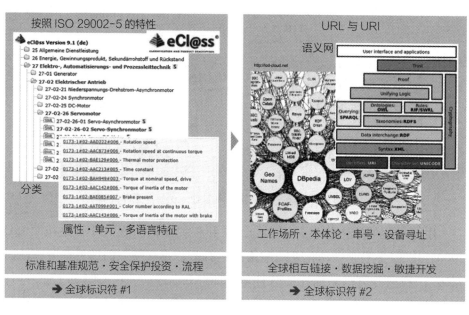

图 4-61　按 ISO 29002-5 分类资产和相关知识

图 4-62 示出许多管理壳的领域/子模型的样板标准。例如管理壳可遵照 IEC TR 62794 和 IEC 62832 数字工厂；标识可参照 ISO 29005 或 URI 唯一 ID；通信可遵照 IEC 61784 现场总线规范的第 2 章（以太网）；能效依据 ISO/IEC 20140-5；信息安全参照 IEC 62443 网络和系统的信息安全；等等。

图 4-63 是管理壳、子模型、性质、复杂数据和功能的示范内容。从可视的角度看，一个经标识的资产的管理壳也是经标识的，都是显性化的知识，即表征这个资产的性质。而其数据和功能都是可通过应用程序的接口（API）被语义化存取的。资产的运行时数据都遵照严格而统一的格式来表达

性质的集合（图 4-63 中子模型 1 是能效，子模型 2 是安全，子模型 3 是钻孔）。而有关数据和功能的运行时的数据则遵照不同的互补的数据格式。

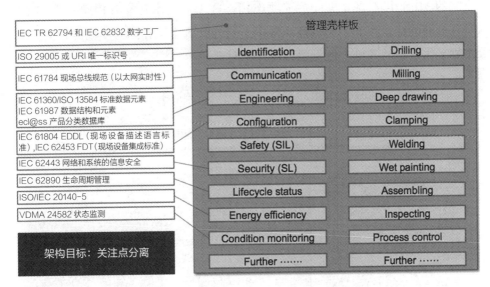

图 4-62 管理壳的领域 / 子模型的样板标准

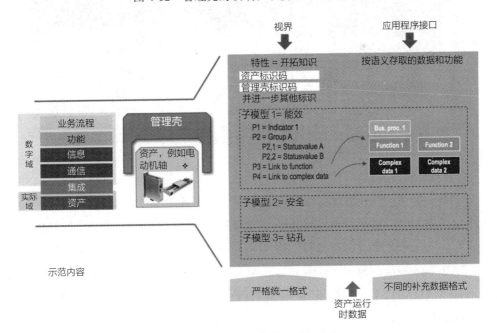

图 4-63 资产对应的管理壳的内容

下面给出一个简单的场景举例（见图 4-64）。图中示出 3 个工业 4.0 基本元件（生产工作站），它们之间通过符合工业 4.0 的通信来连接，并且还与假定的 MES 生产调度执行系统项连接。这 3 个工作站都有相同的子模型，但有不同的标识符和不同的性质数据。这导致每个工作站有不同的行为，并在数字化市场的基础上进行原型设计的对话。

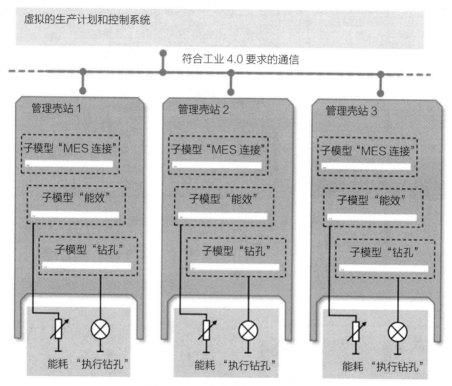

图 4-64　一个简单场景的举例

图 4-65 给出这个场景实验的识别表。报头由两部分构成：管理壳识标部分（如 http: //www.zvei.de/demo/11232322）和资产标识部分（如 [http://pk.festo.com/3S7PLFDRS35]）。报文则包括 MES 连接子模型的 ID（如 Typ: ADA011 Instance: http://www.zvei.de/demo/2368473473829）、能效子模型的 ID（ADA012 [..]）、钻孔子模型 ID（ADA013 [..]）和文档子模型的 ID（ADA014 [..]）。

		站 1	站 2	站 3
数据头	管理壳标识	http://www.zvei.de/demo/11232322	http://www.zvei.de/demo/11232342	http://www.zvei.de/demo/11282322
	"资产"标识	[http://pk.festo.com/3S7PLFDRS35]	[http://pk.festo.com/3S7PL9X6K32]	[http://pk.festo.com/3S7PLFNCKDZ]
主体部分	"MES 连接"标识	Typ: ADA011 Instance: http://www.zvei.de/demo/2368473473829	ADA011 Instance: http://www.zvei.de/demo/1366423771829	ADA011 Instance: http://www.zvei.de/demo/8364423571326
	"能效"标识	ADA012 [..]	ADA012 [..]	ADA012 [..]
	"钻孔"标识	ADA013 [..]	ADA013 [..]	ADA013 [..]
	"文档"标识	ADA014 [..]	ADA014 [..]	ADA014 [..]

图 4-65　简单场景实验的识别表

（来源：ZVEI 网站）

　　图 4-66 给出这个场景实验的性质数据表。由子模型描述简单数据。譬如表的第一行的 ID 为 AAC001，名称（Name）是钻头的最大直径，定义（Definition）是可夹装的钻头最大直径，单位（Unit of measure）是 mm（毫米），数据类型（Data type）为实型数，数值表（Date list）是 0…。以上均属于性质定义。接着在第一行还列出数值（Value）是 12[mm]，表达的语义（Expression semantic）为确认，表达逻辑（Expression logic）是小于，视图（Views）为性能，以上均属于性质特性。第二行的标识为 AAC002，名称是每分钟的最大转速，单位是 1/min（每分钟 1 次），数据类型为实型数，数值表为 0…，数值是 2000［1/min］，表达逻辑是小于，视图为性能。接下去各行描述仿真钻孔时间、钻头直径、钻头静诶速度、钻孔深度和工件材质。

　　得出这些性质定义和性质特性的具体办法是：由领域专家开会议定规范、导入标准化，子模型为领域公认的参照。

| | | | | | 性质定义 | | | 性质特性 | | | | |
Hier-archy	ID	(preferred) Name	Definition	Unit of measure	Data type	Value list	Value	Expression semantic	Expression logic	Views	R/D/ F/A/-	Contents
I	AAC001	Drill tool diameter max.	Maximum diameter of drill tool which can be tooled in	mm	REAL	0..*	12 [mm]	Confirmation	Less Than	Perfor-mance		
I	AAC002	Drill revo-lutions p.. minute m..										
F-∞	AAC003	Simulate dr.. time									F	Synchronous function call, taking the input parame-ters (AAC004.. AAC007) and returning one REAL
--I	AAC004	Drill tool diameter										
--I	AAC005	Drill feed rate							Equal	Perfor-mance	-	
--I	AAC006	Drill depth	.. epth to drill to	mm.	REAL	0..*	8.2 [mm]	Requirement	Equal	Perfor-mance	-	
--I	AAC007	Work piece material	Material class to drill in		-> CAA001		CAA005			Perfor-mance		

步骤：
（1）由领域专家小组制定的规范
（2）导入标准化
（3）子模型供领域参照

→ 参见"管理壳的结构"第 4 章，2018 年 4 月

图 4-66　简单场景实验的子模型的性质数据表

复杂的工业 4.0 基本元件，可以是简单工业 4.0 基本元件的叠加，并且允许进行分布式的工程设计。例如图 4-67 所描述的装配体资产（其管理壳标识为装配体 123）是由轴 X、轴 Y、轴 Z 和装卡夹具 4 个简单 I4.0 基本元件组成，通过符合 I4.0 的通信来连接。虚线框所标即是这个装配体资产的边界。

复杂的 I4.0 基本元件可能涉及不同的工程专业，图 4-68 示出其图表及设计信息，这是建立复杂元件首先要考虑的。该装配体的管理壳包括装配体资产的标识、管理壳的标识、P&ID 图子模型、线路图子模型（其中有材料清单 BOM 表、构成复杂元件的简单元件之间的关系、性质数据的描述语句等）、机械 CAD 子模型和 IEC 61131-3 的 CFC/FBP 互连图子模型。

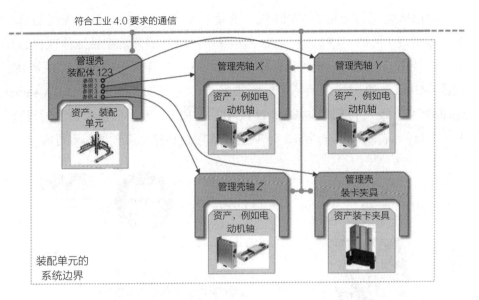

图 4-67　复杂工业 4.0 基本元件由简单基本元件构成

（来源：ZVEI 网站）

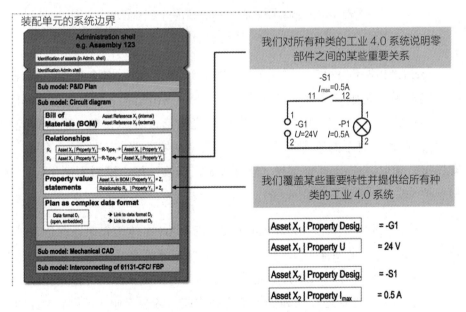

图 4-68　复杂工业 4.0 基本元件的设计信息

（来源：ZVEI 网站）

　　由德国电气行业协会 ZVEI 组织支持开发的 OpenAAS 是管理壳的第一个参考实现（见图 4-69）。它是专为开发团组设立的开放型智能体项目，开源，且经由 GitHub 进行深度学习（DL）。第一个管理壳的参考实现是 ICT 规范（UML，通用建模语言）的一类发展，它基于免费的 OPC UA server open62541，而接口则经过 OPC UA、HTTP/REST 等。根据所要求的规范，利用 http://acplt.github.io/openAAS/ 开发管理壳和模型服务器的运行时代码。

图 4-69　openAAS 是管理壳的第一个参考实现

（来源：ZVEI 网站）

　　openAAS 告诉我们不同的模型如何形成完整的相互连接的知识。图 4-70 诠释了德国亚琛大学对此的理解。图中列出钻孔、状态监控、能效、生命周期状态。3 种不同的子模型在管理壳中形成性质模型（数据模型 1、2、3），在系统模型的管理下可进行模型探索（搜索节点、搜索子关系、搜索连接、读取属性）、模型变换（修改节点、修改连接、模型实例化等）、模型维护（输入、输出、模型库等）。

　　另外，工业 4.0 平台（Platform I4.0）的 UAG 本体工作组正在创建"工业 4.0 的语言"（见图 4-71），实现工业 4.0 基本元件之间的互连互通。从图中可以看出，每个工业 4.0 基本元件的管理壳由工业 4.0 互动管理程序、基本本体、基本元件管理程序和若干子模型构成。各个工业 4.0 基本元件的互动管理程序之间执行通用的互动模式，进行基本元件所含子模型等的自描述、合同管理、协商、机器人控制、基本元件控制等。

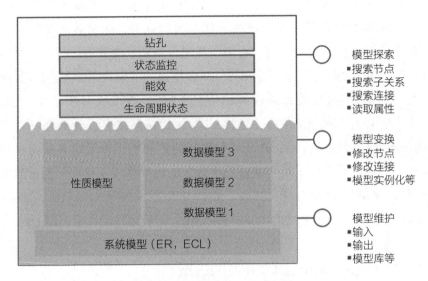

图 4-70　openAAS 如何形成不同模型的完整知识连接

（来源：ZVEI 网站）

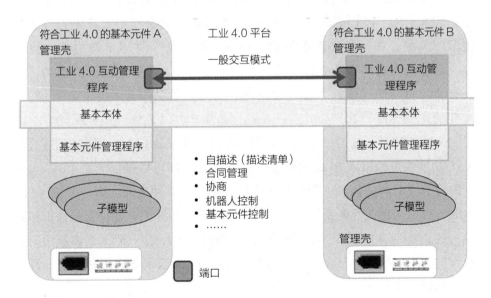

图 4-71　UAG 本体工作组创建"工业 4.0 的语言"

（来源：ZVEI 网站）

在 RAMI4.0 发表之后，德国工业界进行了工业 4.0 基本元件的示范开发，为 RAMI4.0 提供了实体资产数字化的可行途径，为将各类实体资产映射至虚拟环境，实现完整表达、通信、推理、判断、决策等，打下了坚实的基础。2019 年德国工业 4.0 平台和 ZVEI 合作推出《资产管理壳细节》规范第一部分"工业 4.0 价值链伙伴间的信息交换"。在此文件中运用 UML 定义了资产管理壳结构视角的元模型，其中包括信息安全以及处理符合工业 4.0 的基本元件特性等方面。规范还提供了特性和物理单元定义概念描述的数据规范样板，并给出了几个映射和串行化的数据格式：伙伴间通过数据交换格式 .aasx 采用的 XML 和 JSON；推理采用的 RDF（Resource Description Framework）；工程阶段采用的 AutomationML；运行操作阶段采用的 OPC UA。

4.2.5　PLCopen 关于 AAS 开发的进展

对 PLCopen 来讲，要让它多年所积累的软件技术迅速融入工业 4.0，一个可行的途径是参与产品描述。工业 4.0 需要组织极大数量、不同类型的标准化数据元件，PLCopen 的专业范围就是这些不同类型中很重要的与 PLC 技术相关的一类。过去许多年 PLCopen 已经定义了许多不同的功能块集合，可以利用这些作为基础，进行以工业 4.0 基本元件为目标的扩展，定义有关的功能性或软件，建立潜在功能性的抽象层。再通过工业 4.0 基本元件的 AAS（资产管理壳）/openAAS，由资产层（或集成层）映射至功能层。为此，PLCopen 的一项新工作就是定义一类 AAS 的功能块，允许这些 AAS 功能块可以嵌入 PLC 的程序中，使 PLC 程序可以提供工业 4.0 基本元件的管理壳的有关信息。资产管理壳的功能块有 3 种类型：第一种是 AAS_AdminShell，定义管理壳的标识，包括资产类型的标识、管理壳的标识和其他一些必要的辅助标识；第二种是 AAS_SubModel，定义管理壳内所用的子模型的标识；第三种是 AAS_EnumPropperties，定义与子模型相关联的性质数据标识、数据等。

以伺服驱动系统的功能性为例（见图 4-72），可用 eCl@ss 规定伺服驱动系统的物理特性，并使之可供运用。而其功能性则在 PLCopen 的运动控制规

范中的功能块予以表达，当然这也包括驱动的动态过程。所有有关的功能性
都可以在由资产层到信息层和功能层中被上传、表达和使用。只需用一个标
准化的接口经过 I4.0 基本元件的管理壳，将物理资产转换为性能，再转换为
功能性。

图 4-72　伺服驱动系统的功能性的表达

（来源：PLCopen 网站）

图 4-73 示出一台 PLC 控制一伺服驱动轴组（譬如 5 台伺服电动机及其
驱动器）的功能性表达。单台伺服电动机及其驱动用图中左下角的功能块表
达，而控制器 PLC 所运用的功能块（如 MC_MoveGroup、MC_Camming、
MC_GearIn）表达轴组的功能性。然后集中起来映射到该 PLC 的工业 4.0 基
本元件（见图 4-74）。

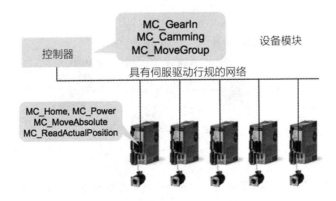

图 4-73　伺服驱动轴组及其控制器

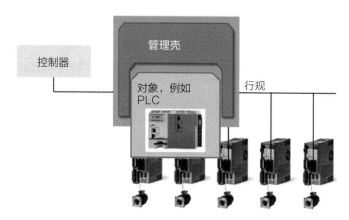

图 4-74　轴组控制器系统的功能性表达

（来源：PLCopen 网站）

　　除此之外，PLCopen 正在准备一个文件来说明 PackML 作为工业 4.0 资产管理壳技术中一个子模型的例子。由于 PackML 作为机械装置运行的成熟模型完整地定义了机械装置的运行操作，定义了统一的操作人员的人机接口，还定义了预定的 KPI——整体装置效率（OEE），因此被选择为经过现场验证的信息模型而纳入资产管理壳的子模型的开发样板。这就为今后在现场运行的各种机械装置的信息可直接通过 OPC UA 送往云端创造了条件。图 4-75 描述了 PackML 信息模型促使 OT 与 IT 融合的场景。

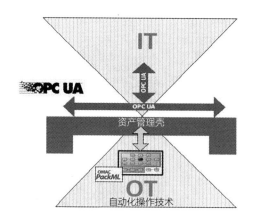

图 4-75　PackML 作为资产管理壳的子模型促使 OT 与 IT 融合

（来源：PLCopen 网站）

4.3　工业边缘计算建模语言 IEC 61499

　　实现微服务化边缘计算系统的一大障碍是多种 OT 与 IT 编程语言的混合设计。现有工业系统内各种设备使用不同语言编程，例如，使用 IEC 61131-3 所包含的五种 PLC 编程语言编写控制功能，使用 C/C++ 等高级语言编写通信功能，使用 .Net/HTML5/JavaScript 等语言编写人机界面，甚至使用 Python 编写数据处理功能等。除此之外，边缘计算节点设备与设备之间、设备与云平台之间所用的通信协议也各不相同，单控制器与现场设备之间所使用的工业现场总线就有二十余种。精通一种编程语言的工程师尚可找到，但是能同时掌握这么多语言以及通信协议的寥寥无几，即使有这样的工程师，工业领域也无法负担相应的报酬。因此，我们必须对控制代码采用低代码甚至是无代码的方式来降低对工程师的要求，模块化、图形化建模方法的发展势在必行。系统级的建模语言能够向用户提供直观的系统设计，特别是对高复杂性的系统，抽象化模型可以提升系统设计的效率。

　　目前边缘计算缺乏能够涵盖感知、控制、通信、监控、数据处理等多种用途的系统级可执行建模语言。如第 3 章所叙述的，基于微服务的边缘计算框架能够赋予工业系统可移植性、可重构性与互操作性等柔性制造必备特征。微服务架构的本质是模块化的设计，由模块与通用软件接口等基本元素组成。因此，我们可以使用 IEC 61499 功能块来封装 IEC 61131-3 ST、LD、C/C++、HTML5/JS 等编程语言，并且将功能块的输入与输出接口分别映射为微服务的输入与输出参数，来实现工业边缘计算微服务应用的设计。

4.3.1　IEC 61499 功能块标准简介

　　国际电工协会（IEC）于 2005 年首次发布了基于功能块软件模型来描述分布式工业过程测量和控制系统（Industrial Process Measurement and Control System, IPMCS）行为的国际标准 IEC 61499。经过 7 年的实践与验证，IEC/SC 65B/WG15 标准工作组对第一版标准中的内容进行澄清与修订，并于

2012 年发布 IEC 61499 标准的第二版。新版 IEC 61499 标准共分为三个部分，包括 IEC 61499-1 基本架构、IEC 61499-2 软件工具需求以及 IEC 61499-4 一致性行规指南。其中：

- IEC 61499-1 标准定义了分布式模型架构，涵盖底层功能块模型与接口的定义，以及支持分布式自动化应用所需的一整套资源模型、设备模型、系统配置模型、部署模型和管理模型。
- IEC 61499-2 标准定义了 IEC 61499 开发工具软件所需遵守的各项规范，包括基于 XML 的文件交换格式、功能块网络的图形化方法等细则。
- IEC 61499-4 为不同厂商的 IEC 61499 系统、设备以及软件工具定义相关兼容性规则。

国内 TC 124 标准工作组于 2015 年完成 IEC 61499 标准的采标后，以 GBT 19769 系列作为国内标准发布。目前，IEC 61499 标准制定工作组正在对标准做进一步的改进，将于未来两年推出第三版。

如图 4-76 所示，基于 IEC 61499 标准的架构提供了分布式工业自动化系统的模块化设计和开发解决方案，旨在支撑分布式应用程序的复用性（Reusability）、可移植性（Portability）、可重构性（Reconfigurability）以及互操作性（Interoperability）四大特征。

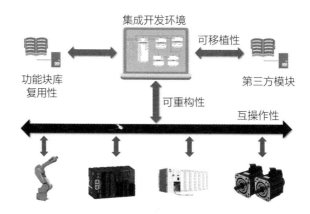

图 4-76　IEC 61499 标准四大特征

首先，在复用性方面，IEC 61499 标准的核心是事件驱动的功能块，标准并未规定所使用的编程语言，因此，每个功能块内可以封装不同编程语言编写的控制逻辑、图形化人机界面以及数据采集分析等功能，这些语言既可以是梯形图、结构化文本等 IEC 61131-3 标准编程语言，也可以是 C++、Java、Python 等高级编程语言。如图 4-77 所示，这些功能块可以通过事件以及数据连接构建起完整的功能块网络，并可以被部署到嵌入式设备、传感器、控制器、电动机、触摸屏和工业电脑等各种设备上。统一的接口设计、不受限的编程语言等特性使得 IEC 61499 功能块拥有较高的复用性。

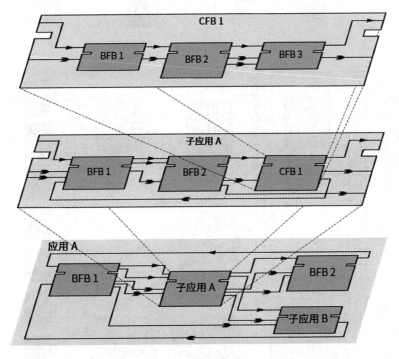

图 4-77   IEC 61499 功能块网络抽象模型

在可移植性方面，IEC 61499-2 标准定义了完整的 XML 文件格式，这使得所有遵从 IEC 61499 标准的软件工具所开发的功能块都可以相互兼容，消除了开源软件与商业软件之间的移植壁垒，如图 4-78 所示，让不同平台的 IEC 61499 设备都可以使用任意 IEC 61499 集成开发环境所创建的功能模块。

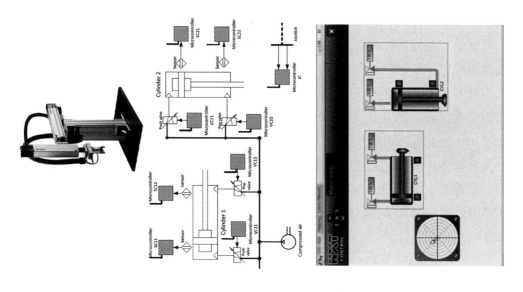

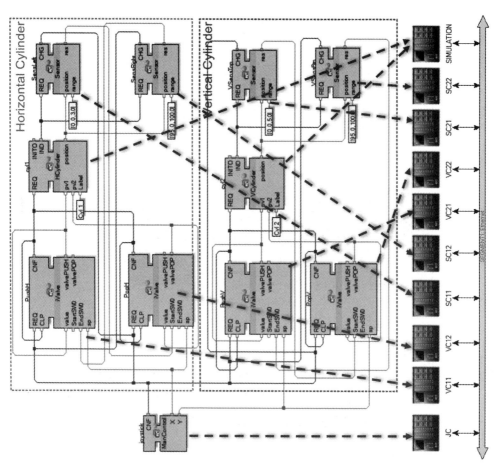

图 4-78 IEC 61499 可移植性模型

在可重构性方面，IEC 61499 标准制定了完整的管理模型以及基于 XML
的管理命令，可以对任意功能块类型与实例、事件与数据连接等元素进行动
态创建、删除与修改。基于此机制，支持 IEC 61499 标准的运行时环境可以
在不影响系统正常运行的前提下动态重构代码，使得软件功能的即插即用与
任务的动态分配成为可能。最后在互操作性上，IEC 61499 标准的部署模型
将每个功能块实例映射到不同的设备资源上实现分布式一键部署。如图 4-79
所示，多个设备间通过事件发布与订阅机制进行实时信息交互，从而让来自
不同厂商的产品也能相互协同完成分布式任务。

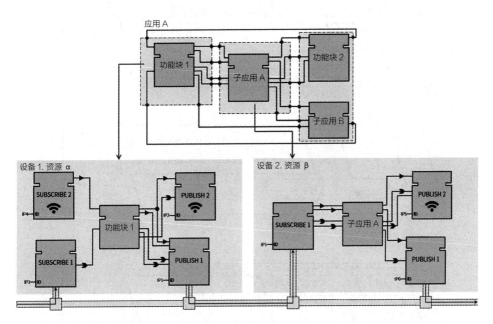

图 4-79　IEC 61499 发布与订阅分布式模型

IEC 61499 作为可执行的建模语言提供了标准的功能块接口定义、分等级
的功能块网络、部署模型以及管理协议，为模块化抽象系统设计提供了强有
力的支持。基础型服务可以使用 IEC 61499 基础功能块表述，每个基础功能
块可以定义多个逻辑算法。在此基础上，每个逻辑可以单独作为一个微服务
入口，当此微服务被调用时，服务需求方将更新输入变量，而服务提供方将
执行相应的逻辑代码并返回输出变量。IEC 61499 标准同时也提供了复合功能

块类型，每个复合功能块则内含功能块网络，结构化分层级的服务编排有了用武之地。如图 4-80 所示，IEC 61499 标准的部署模型允许在同一个系统内

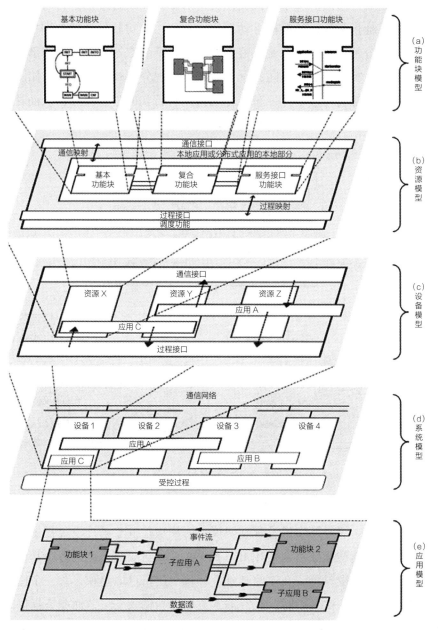

图 4-80   IEC 61499 系统配置与部署模型

设置多个并行的应用，并且多个应用可以分别运行在不同的设备上，而每个应用中的功能块网络也可以分别部署到不同的设备上。此部署模型将复杂的设备间数据交互与部署工作抽象化，还可以通过管理协议来动态部署和直接执行，减少了人工配置造成的错误，大幅度提升了系统开发的效率。

IEC 61499 标准带来的高复用性、可移植性、可重构性与互操作性在满足工业边缘计算核心需求的同时，也极大地提升了工业边缘计算异构系统的设计、开发、部署与测试的效率，进而大幅度降低软件的开发成本。

4.3.2　IEC 61499 与 IEC 61131-3 的区别

过去，IEC 61499 标准曾被认为是 IEC 61131-3 标准的升级替代品，然而经过 10 余年的发展，两个标准的关系更多是不同层级的互补而非简单替代。IEC 61131-3 标准专注于面向单个设备的编程语言，其软件模型覆盖了单一设备的所有软件元素。但是，当系统内多个控制器需要频繁交互时，基于 IEC 61131-3 的编程方法就显得力不从心了。如图 4-81 所示，IEC 61499 标准则从系统级建模语言出发，定义了涵盖一个工业边缘计算系统所需的控制、通信、配置和部署等完整的系统模型。另一方面，IEC 61131-3 标准定义的是编程语言，侧重于通过代码实现逻辑功能，而 IEC 61499 标准定义的是系统级建模语言，通过模块化与标准接口定义抽象系统模型。因此，IEC 61499+IEC 61131-3 的组合能够完整覆盖分布式实时控制的需求。相较于统一建模语言 UML，IEC 61499 标准除了提供详细的语法规范之外，还对功能块网络的运行时执行语义做出了详细定义，因此基于 IEC 61499 标准开发的应用能够直接部署并执行，而无须与 UML 模型一样额外生成可执行代码。由此可见，IEC 61499 标准提出了一种针对分布式系统的设计、开发、测试和部署的所见即所得一体化方案，同时因为不限制编程语言与通信协议的特性，也能很好地适应工业边缘计算系统的特点与需求。

在基于 IEC 61131-3 标准的工业控制系统开发过程中，软件与硬件一般是强绑定关系，在选定硬件平台后才能开始软件开发。与此相反，IEC

61499 标准提供的功能块网络模型则是完全独立于硬件的软件模型，即开发者可以在硬件尚未选型的情况下先行开发软件；在硬件与网络拓扑定型之后，只需要将功能块实例一一映射到相应的硬件上即可实现软硬件的绑定。这种松散耦合的方式使得 IEC 61499 标准中软硬件完全解耦，当需要调整任务分配时，只需将相应的功能块映射到其他硬件资源上即可完成部署方案，而无须对代码做任何修改。另外，与基于 IEC 61131-3 标准的 PLC 需要通过频繁更改代码来实现任务的重新分配不同，基于 IEC 61499 标准的控制系统可以根据现场设备的实时状态动态重构代码与配置，这为实现自主智能的生产系统提供强有力的支撑。

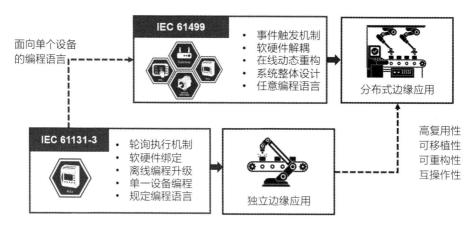

图 4-81　IEC 61499 与 IEC 61131-3 对比

在执行层面上，基于 IEC 61131-3 标准的 PLC 遵循轮询机制，即不断重复读取输入变量、执行运算逻辑、更新输出变量这一循环，虽然在 IEC 61131-3 标准中也可以设定中断任务，但整体仍然是基于循环扫描这一执行规则。IEC 61499 标准则以事件驱动机制作为核心，即功能块只有在被事件触发时才会被执行。基于事件触发的执行机制让功能块在大多数时间都处于休眠状态，这样可以有效地降低计算资源的占用率，因此相较于 IEC 61131-3，同一应用程序在 IEC 61499 运行环境中的 CPU 占用率都较低，对工业边缘计算异构设备平台来说有着重要的意义。

IEC 61499 标准在 IEC 61131-3 标准所提供的编程语言基础上,进一步提供了系统级统一建模语言、软硬件解耦的开发模式以及事件触发的执行机制,这些创新特性为工业互联网 + 边缘计算的创新性应用提供了更为高效与灵活的设计和开发模式。

4.3.3 IEC 61499 应用前景

美国 ARC 顾问集团在《开放自动化之路》报告中指出,基于 IEC 61499 标准的开放自动化是定义和管理控制系统配置的关键软件技术。IEC 61499 标准能够让开源和商业产品协同发挥作用,通过消除厂商的技术锁定,打开自动化创新的大门并节省宝贵的工程时间,从而每年可为工业领域节省 300 亿美金。施耐德电气也在其 IEC 61499 白皮书中指出,IEC 61499 标准是 OT 技术与 IT 技术融合的重要基础,基于 IEC 61499 标准的新应用是开启工业 4.0 时代的重要一环。

从长远发展来看,工业互联网与边缘计算也同样需要统一的系统级建模语言。工业边缘 App 种类繁多,除了传统的实时控制、运动控制、现场总线通信和人机界面等功能外,还融合了数据采集与处理、机器视觉、生产管理和运营维护等创新性应用。显而易见,传统工业软件的开发方式无法满足工业边缘计算应用所需的轻量、灵活与协作特性。通过工业互联网与边缘计算的结合,工业自动化系统正步入一个全新的时代。无论是侧重于 OT 或是 IT 的工业边缘 App,面向异构平台都需要利用多种编程语言进行混合设计,从而支持多种硬件平台并整合多种通信协议,因此一个核心问题是如何实现 OT 与 IT 控制逻辑与通信协议的无缝融合。IEC 61499 标准的模块化封装、软硬件解耦和抽象化建模等特性让其能够成为工业边缘计算的系统级建模语言,从而实现高效的工业边缘 App 开发、部署与移植。另一方面,当应用扩大到物联网范围时,基于 IEC 61499 标准的流程编排也能比基于 Node-RED 的解决方案提供更加复杂的逻辑。在边云协同的扁平化新模式下,IEC 61499 标准将加速应用软件实现跨平台的移植和互操作,并推动工业互联网平台 + 边缘 App 商店模式取得成功。

4.4　工业边缘计算与机器学习

得益于手机与 AI 芯片技术的发展与带动，边缘节点的计算与储存能力得到大大增强，在满足自身功能的同时，剩余的算力与储存能力还没得到充分挖掘。随着工业互联网的推广，数据采集与分析的需求呈爆炸式增长。毫秒级的传感器数据采集频率能够产生大量生产过程数据，若将数据完全搬到云端会对云平台造成极大的计算与储存压力，造成企业云计算成本直线上升。因此，在边缘端对数据进行验证、清洗、过滤、缓存能够大幅度缓解云端的压力。此外，高实时性的警报、机器学习模型判断，甚至机器学习模型训练等任务可以通过云端分发到边缘端，在数据源头直接进行处理，基于工业多软件智能体、知识推理等以往需要大量计算与储存资源的技术满足高实时性系统决策的需求，在边缘计算系统中也有很大发挥的余地。边 – 云协作的新模式下，应用突破了以往系统的边界，能够激发更多创新的业务模式并不断提升工艺水平。

然而，工业边缘计算中的数据与系统的数据相差甚远。民用系统中，主要的数据类型包括图像、声音、文本等表象属性，数据样本巨大，而应用则集中在语音识别、图像处理与人脸识别等方面，相对来说对可靠性要求较低、容错性较强。而在工业系统中，数据多集中在电流、电压、温度、振动、速度等物理属性上，数据样本相对较小，通常工业需求集中在产品质量的提升与成本控制上，典型的应用包括参数寻优、预测性维护、缺陷检测等，这些应用对可靠性要求较高，对生产安全更是零容忍。传统的"黑盒"深度方法在工业上无法满足形式化验证或可重复性的要求，因此可解释的机器学习对于工业系统尤其重要。

此外，工业企业对于数据的敏感性以及隐私保护方面的要求要远高于民用系统。对于生产企业来说，运行过程数据包含了工艺经验知识，尽管公有云能够提供大量的算力与储存空间，但是多数工业企业都不愿意把自己的核心数据上传到公有云上，避免核心技术泄露。将数据留在边缘侧使生产企业能够牢牢把握自己的命运，因此私有云模式对工业来说接受程度更高。此外，数据到底归谁的问题一直困扰工业企业，设备提供商、系统集成商、云运营商以及生产企业对数据的争夺越发激烈。作为最终用户，如何保护好自己的数据也是头等大事。

最后，大规模高实时的长期数据转移会造成资源浪费，但仅仅依靠边缘设备目前仍然无法完成深度学习模型训练所必需的算力。工业数据更新周期通常在毫秒级，一个工厂一天可以产生几十吉字节甚至几百吉字节的数据，将这些数据实时传送到云端，会给云端带来较大的压力，同时也会产生一定的风险。如果能在边缘侧对实时数据进行过滤、清洗、处理并缓存，会极大降低云端的资源需求，甚至能够利用边缘端的算力实时对数据进行训练，充分挖掘工业边缘计算设备的潜力。

综合以上特性，传统的深度学习方法在工业落地困难重重，因此联邦学习（Federated Learning）孕育而生。联邦学习由谷歌于 2016 年首次提出，旨在将"人工智能的重点转移到以保障安全隐私的大数据架构为中心的算法导向上"。联邦学习的主旨是，构建一个分布式协作的人工智能生态系统来解决数据拥有者因为数据量不足而造成的模型质量低下的问题。联邦学习在每个边缘节点对数据进行加密，在训练过程中仅传递模型参数而避免数据泄露。如图 4-82 所示，每个边缘节点都是数据的拥有者，同时作为数据的使

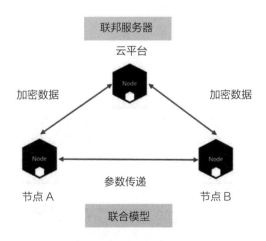

图 4-82　联邦学习 + 工业边缘计算框架

用者参与模型的训练。此外，联邦学习框架也可以借助外部的计算资源（例如云平台）来训练模型，数据可以通过加密的方式与云平台共享，从而借助边－云协同的模型来完成复杂模型的建立。

当工业边缘计算与联邦学习结合时，生产企业可以摆脱隐私保护和数据安全的困扰，工业互联网平台或者其他企业在无授权的情况下不能随意获取企业的生产过程数据，同时又能满足国家的监管要求。随着未来联邦学习技术的发展以及在工业边缘计算的应用落地，生产数据的安全共享与数据驱动的生产工艺优化未来可期。

工业边缘计算潜在应用场景

在介绍完工业边缘计算的关键技术后，最后我们来探讨几个工业边缘计算潜在应用场景。工业边缘计算并不是要简单取代传统的工业现场控制、监控等功能，它是多个功能组合下的创新性应用，具有巨大的潜力。本章将围绕参数寻优、热备份冗余、预测性维护以及数字孪生等几个潜在应用场景进行描述。

5.1 参数寻优

工业的首要任务是保证生产的顺利进行，而生产效率与质量则需要依靠边缘端的控制系统来保证。困扰工业控制系统的一大因素是复杂的现场环境，即使在出厂前进行了完备的测试，到了工业现场仍然需要大量时间来调整参数。即使是完全一样的生产系统，当部署到新的环境时也无法保证控制系统参数值与之前完全一致。其中的原因一方面是每个项目定制化需求造成工程师需要大量时间来调试系统，另一方面则是设备老化或者外部环境改变造成的最优参数发生改变。这类参数寻优的工作由现场工程师在项目实施阶段通过不断测试来完成，在运维阶段则需要根据变化来手动调整参数。因此，如何通过边缘节点自身以及边－云协同带来的大量算力来解决自动参数寻优是工业边缘计算一个重要的杀手级应用。

如图 5-1 所示，要实现自动参数寻优，必须建立工业控制系统与模型的数据闭环。在这里，我们将边缘计算节点采集的所有运行数据作为参数模型的输入，将经过模型计算的最优参数返回给边缘计算节点。数据闭环可以是针对系统的整体优化，例如通过调整生产节拍来优化生产效率，此时需要收集所有相关数据并进行处理；同时数据闭环也可以是针对某一工艺参数的优化，例如 PID 的参数调整等，此时仅需将相关的数据抓取并且反馈，即可达成目的。无论是单一参数调整或者是整体性能优化，都需要机器学习的辅助。针对简单的 PID 参数调整等，可以使用机器学习算法来解决问题，而面向复杂系统的过程优化，则需要使用深度学习算法来对整体进行建模。当然，随着联邦学习的发展与应用，未来可以使用多个边缘计算节点共同实现参数寻优，从而避免海量数据的集中处理造成的计算资源压力。

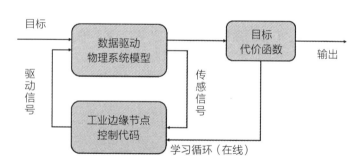

图 5-1   工业边缘计算闭环自动参数寻优模型

由于控制代码的执行逻辑基于轮询机制，即每隔固定周期进行更新，因此参数寻优模型需要在每个循环周期结束时，对当前周期的反馈数据进行回归分析。若分析结果与指标发生偏移，则需对参数进行校正以达到最优。若下一周期分析结果显示调整的参数效果不甚理想，则需要返回标准参数以重新分析。此外，当积累了一定的反馈数据后，可以对现有模型进行重新训练，从而使得模型能够更加符合当前设备的运行状态。

要实现自动参数寻优，仍然有许多问题需要解决。首先需要解决系统安全性问题，参数的实时调整容易对系统的稳定运行造成影响，严重的情况还会造成财产损失，甚至是安全事故。因此，保证调整后参数的正确性是必要条件。其次，控制周期通常在毫秒级，如何在如此短的时间内完成分析与调整也是棘手的挑战，一旦超过了控制的实时性要求，则无法保证模型与控制对象数据的同步性。最后，如何针对不同工艺定义参数的回归分析代价函数也是一大挑战，构造代价函数需要行业专家，同时也必须了解数据挖掘与机器学习，在复合型人才奇缺的工业界，也会造成基于工业边缘计算的参数寻优系统由于无法正确设置而无法落地的问题。

5.2　热备份冗余

通常 IT 系统的可靠性需要达到 5 个 9（即 99.999%）的在线率，但是即使是万分之一的概率对工业系统来说也是不可接受的，任意一次故障都可能造成重大安全事故，因此工业系统的故障率必须小于百万分之一。通常目前工业现场设备都被设计为"专机专用"，一个设备通常只负责单一功能。随着工业系统向工业边缘计算系统演化，设备需要同时处理多个任务，且复杂程度大幅提升。复杂的多任务处理带来的是可靠性的下降，因此冗余系统变得至关重要。

目前，现有的控制系统使用热备份冗余系统来保证系统不宕机，如图 5-2 所示，两套完全相同的硬件执行相同的程序，同时读取输入变量但只有主设备的输出变量被激活，从设备则定期检查主设备的健康状态。当主设备出现故障时，从设备会第一时间激活输出变量并彻底接管系统控制权，主从同时运行的热备份方法能够保证运行数据不用在两个节点间传递，从而将切换时间减到最低。当然，由于需要两套完全相同的软硬件系统来支撑热备份，因此需要付出的成本也是巨大的，所以目前热备份冗余系统多数使用在可靠性要求较高的大系统上。

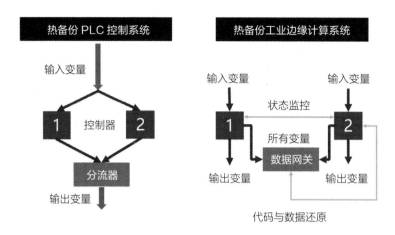

图 5-2　工业边缘计算热备份冗余系统

　　工业边缘计算节点带来的强大算力与储存空间给热备份冗余带来了一种全新的解决思路。如图 5-2 所示，工业边缘计算节点可以使用其他节点的富余算力与储存空间来实现冗余，从而避免浪费硬件资源，大幅度降低热备份的使用成本。边缘节点需要建立可信的发现机制并实时交互设备状态，当单个节点出现故障时，其他节点需要设计多节点协作决策机制以快速制定重构方案，并在线动态重构边缘节点任务来分担故障节点的计算任务。当任务重构完成后，还需要将运行数据备份到新的边缘计算节点上。数据还原可以使用集中式与分布式两种备份方法。在集中式备份方法中，我们需要设置一个额外的边缘计算节点来实时备份所有运行数据，当需要还原到某个时间节点时，数据备份节点只需要将数据一次性传递给新的任务负载节点即可。而分布式备份方法将需要定位故障节点的数据备份位置，一个或者多个数据备份节点将当前节点数据同步给新的任务节点。无论是哪种方式，都需要在极短的时间内（毫秒级）传输大量的数据，这个时间对工业边缘计算来说也是极大的挑战。此外，如何在这么短的时间内根据多个节点剩余计算与储存资源寻找最佳冗余替代配置方案也是一大难点。最后，如何保证冗余替代方案重构后的系统功能的正确性，也是急需解决的问题。

　　如能解决以上问题，边缘计算节点自主柔性热备份则可以真正实现，在大幅度提升系统可靠性的同时，也能大幅降低成本，从而产生巨大的经济与社会价值。

5.3 预测性维护

预测性维护是一个较为典型的边缘计算应用场景，在本节中，我们将介绍预测性维护及其在边缘架构中的实现。作为边缘计算架构最具有落地的现实意义的场景，预测性维护非常值得期待。

5.3.1 预测性维护的发展

相信在制造业现场待过的人都知道"巡检""召修"这两个词。"巡检"是由机械、电气工艺人员定期巡查现场设备，并记录相关的参数备案；而"召修"则是在现场故障出现后，由对应工艺段的人员电话求助设备中心管理部门，并由机械与电气人员到达现场对设备进行检修。这是典型的"被动维护"，也即机电维护人员扮演"消防员"的角色，如果出现较大的设备故障，可能需要紧急召唤在家休息的资深专家前往现场来处理。在一些更为连续的生产过程中，必须有冗余的系统来确保生产不受影响，例如切换到备用设备，或者切换到冗余控制系统来对设备实现控制。

这种"被动维护"的维修方式，存在着较大的问题：

1）设备故障已经发生，已经造成产品的缺陷。

2）昂贵的冗余系统，尤其是设备，无法最大化使用效率。

3）影响生产计划的顺利进行：正在紧急赶工的生产被破坏，造成客户的交付问题。

4）时间具有不确定性：无论机械还是电气故障都具有不确定性，那么，这个错误来得也不确定，这对生产造成一种不可控的风险，无论是对于生产任务的执行还是对于安全而言，都是难以接受的。

5）非常依赖于人的经验和感觉：经验丰富的老技师，能够对故障进行预测，并着手维修计划；但是如果对于资历较浅的新工程师来说，这就意味着未知。

这种"被动维护"是一种长期的在工业现场的设备管理模式，并且，在今天，仍旧保留着人员巡检和召修制度，作为一种基础保障，为了应对"万一"情况的出现，而保留最小的人员配置。

而另一种普遍采用的是预防性维护，尤其是在流程工业较为普遍，即安排专门的时间（称为大修时间）对设备进行统一的检修、更换（计划停机），例如对电动机进行润滑、对配电柜进行重新安装。通过这种方式来确保未来一段时间里的生产稳定运行。相对于被动维护，这种方式具有一定的可控性，也能避免较大的事故发生。但是，这种维护方式往往需要一定的维护保养时间，并且经常会为了保障未来一段时间不产生停机，而对未失效的设备、器件进行整体的更换，也是一种时间和维修成本较高的方式。这会使得原本不需更换的设备被一刀切地更换，或者造成一些过度维修，反而影响设备的运行。还有一种情况就是设备在刚刚更换后的"磨合期"造成的生产不稳定，包括电气程序在这个过程中的重新调校，因为在大修期间，往往会对一些控制系统做一些功能、参数的调校，造成一些开机浪费。

为了解决"被动维护"和"预防性维护"的弊端，出现了"预测性维护"，这是一种被寄予厚望的维护模式，如图 5-3 所示。

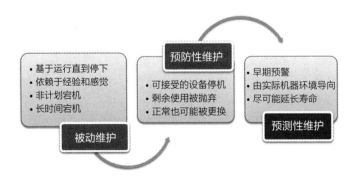

图 5-3   现场维护的发展阶段

5.3.2　预测性维护的场景

预测性维护（Predictive Mainteance）这个词并不新鲜，对于航空航天领域的发动机，以及大型的旋转设备如空压机、鼓风机、燃气轮机机组来说，预测性维护方法已经应用了数十年，这是因为这类设备的造价较高，其一次故障所带来的后果极为严重，后果包括人员的生命安全、设备损毁带来的资产损失，或者即使没有损坏，而故障引发的生产停机，对于大规模生产来说，也是非常巨大的损失。例如对于航空发动机来说，这意味着乘客与机组人员的生命风险。即使不会威胁人的生命安全，对于一些生产来说，设备的宕机也是不能承受的损失，例如，一台灌装生产线如果主机停机，每小时就会损失 10.8 万瓶的产能。而对于大型发电机组、炼钢高炉等，这种后果更为严重，因为，重启所需的成本甚至以百万、千万元计。因此，预测性维护一开始就是针对"重值"设备的。

常见的预测性维护应用场景如表 5-1 所示，来自 NASA 在 2020 年进行的分析。

其实，将振动用于故障的预测是比较常见的，即使是在巡检机制中，经验丰富的老师傅也是用螺丝刀顶在电动机的外壳来判断其"振动"幅度，以判断是否在正常范围内。振动是一种比较普遍的机械设备能力退化的特征，这就像人的关节在物理性磨损或随着年龄增长累积的磨损后会出现疼痛一样，因此，机械的振动意味着它超出了允许的设计运行范围。

人们可以通过振动粗略地判断故障，但是，人们并不能精确测量这些振动频率，因此，振动传感器可以帮助我们去测量其幅度与频率，以及位移。对于一个振动质点来说，其从平衡位置两个方向的位移距离，称为"峰 – 峰值位移"；速度测量振动的快慢；加速度——速度的变化率，代表着振动的加剧程度。

随着制造业的继续发展，人们对于预测性维护的需求变得更为迫切。随着制造的批次变小，设备的故障将会严重影响产线的 OEE 水平，例如，对

表 5-1　常见的预测性维护应用场景

技术	泵	电动机	柴油发电机	冷凝器	重型设备/起重机	断路器	阀门	热交换器	电气系统	变压器	储罐、管道
振动监测/分析	×	×	×		×						
润滑油、燃料分析	×	×	×		×					×	
磨损颗粒分析	×	×	×		×						
轴承、温度/分析	×	×	×	×	×						
性能监测	×	×	×	×				×		×	
超声波噪声检测	×	×	×	×			×	×	×	×	
超声波流动	×			×			×	×			
红外热成像	×	×	×	×	×		×	×	×	×	
无损检测（厚度）				×				×			×
可视检查	×	×	×		×	×	×	×	×	×	×
绝缘电阻		×				×			×		
电动机电流特征分析		×									
电动机电路分析		×				×			×		
极化指数		×							×		
电气监控									×	×	

于一个批次较长的生产来说，机器停机 1h 而造成的损失在整个生产中并不会有很大的成本，但是，当这个生产批次变小的时候，这个损失将影响企业的盈利能力。例如，一个订单生产时间仅 8h，而其中的 1h 有故障，那么，生产的 OEE 就会下降，导致成本上升——在精准到单个批次的成本计量来说，这个批次就会亏损。

在技术推动力方面，随着传感器技术、软件工程方法的成熟，预测性维护的成本也期待着被削减，因为传统的预测性维护系统往往都会有巨大的成本。过去，该系统一直没有被很好地推广利用，而仅在有限的航空航天、大型传动设备领域采用。

5.3.3　预测性维护的方法

事实上，预测性维护有比较多的方法。在图 5-4 所示的整个预测性维护架构中，我们可以看到，对于预测性维护而言，首要的是解决感知问题，即对电流、电压、温度、振动、转速等信息进行采集，并经由初期信号的分析提取相应的特征。

预测性维护通常通过检测数据和退化机理模型的先验知识，利用 AI 技术，及时监测到异常并预测设备的剩余使用寿命（Remaining Userful Life，RUL），据此计划性地组织维修保养计划，可以有效保障设备运行的安全与可靠。

RUL 预测的核心思想在于利用设备失效机理（或称为退化机理）模型，或利用监测数据和人工智能方法，前者被称为基于物理模型的方法，而后者被称为基于数据驱动的方法。其旨在建立设备的失效映射关系，通过与失效阈值比较而确定 RUL 或 RUL 的概率分布及期望。

1. 物理退化的模型预测

退化模型通常也采用微分方程或差分方程来表征设备的退化（失效）过程，建立影响退化的诸多关键因素之间的映射关系，需要考虑这些影响因素，通常也需要一些经验，预测性维护的复杂性也往往体现在这里，因为影响因素较多，究竟哪些是关键因素，对于不同应用场景还是有差异的。影响因素中包括设计缺陷、制造工艺差异、化学、外力作用、运行模式等不确定性因素。通常而言，退化的模型也分为物理退化和经验退化。

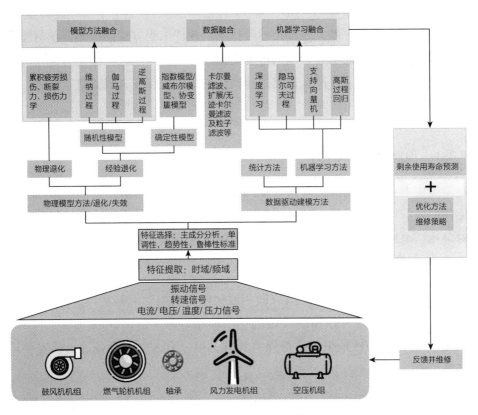

图 5-4　预测性维护架构⊖

其中物理退化对于设备而言，变量简单且退化由单一因素影响，那么退化模型的 RUL 预测精度就会较高，这种模型对于机械类运动的累积疲劳损伤、断裂力、损伤力学等通常有较显著的物理表征退化过程。因为一些运动

⊖ 袁烨，张永，丁汉 . 工业人工智能的关键技术及其在预测性维护中的应用现状 [J]. 自动化学报，2020（10）：2013-2030.

组件长期受到载荷的往复循环，这种模型具有较高可预测性，也有比较成熟的模型如 Paris 裂纹扩展模型或 Forman 模型等，因为设备退化的机理相对单一，往往比较容易。当然对于复杂的不确定的场景来说，精准的物理退化模型也比较难以获得。

2. 随机退化经验模型

对于设备退化过程的时变和不确定性特征，则需要引入一些新的方法，包括被引入预测性维护研究中的基于概率和随机退化模型方法，以及逆高斯过程、维纳过程、累积损伤模型等。这种思想在于将 RUL 定义为随机过程达到失效阈值的首次时间，并通过求解首次达到时间的概率分布来预测，它能比较好地解析不确定性的情况。

在解决预测性维护问题的过程中，来自现场机械、工艺类专业领域的工程技术人员更多采用退化（失效）模型的方法，这种方法具有较好的预测性和可解释性。也有很多传统的预测性维护专业厂商在过去的百年里积累了针对特定应用的数据模型，这是因为这类方法安装传感器并进行数据采集与提取后，所用的称为"专家系统"的方法，需要大量的工程积累。可用类似于"查字典"的方法来进行映射，但是，通常会由于需要很长周期的投入，都是特定领域的一些专业公司在做，而且，通常也需要非常专业的如国际认证振动分析师来参与整个过程的分析，因为还牵扯到传感器的安装、信号的提取等方面的专家经验。

系统通常非常昂贵，人员支持服务要求高，意味着服务的费用也很高，这也是一个典型的"知识变现"领域，但很小众，无法适应高速而广泛的行业应用需求。

3. 数据驱动方法——采用 AI 技术实现预测性维护

随着智能技术的发展，包括软件技术、AI 芯片等的成熟，采用数据驱动模式的预测性维护也逐渐被纳入解决这些产业问题的领域，AI 技术的优点在于不需要先验知识，通过数据分析寻找规律，这样可以突破需要行业机理、先验知识的问题。

数据驱动方法分为统计方法和机器学习的方法。统计方法通常采用主要成分分析或偏最小二乘法来处理设备的退化数据，建立统计量并进行设备健康状态的评估。但是，统计方法也受到数据量和统计理论的约束，适用性也不强，原因在于故障数据通常是小数据，因为在产业里，对于有大量的故障信号的机械设备会存在"质量"问题——评价系统的稳定性的重要指标。而机器学习的方法可以利用机器学习的已有丰富技术，有多种方法。

5.3.4　预测性维护的实现

1. 信号处理

预测性维护首先是要进行信号的采集与处理。在各种信号中，以振动信号最为常用，因为相对于其他的感知方法，它能够处理的场景最多。表 5-2 给出了温度、噪声、油液分析、振动四种测量信号的故障分析能力，可见振动具有最广泛的特性，即振动最能够解决普遍存在的机械故障。

表 5-2　常用测量信号的故障分析能力

测量信号	故障分析能力									
	不平衡	不对中	润滑油污染	齿轮啮合问题	叶片损坏	定子损坏	共振	转子问题	传动带振动	轴承损坏
温度	否	否	是	否	否	否	否	否	否	是
噪声	否	否	否	是	否	否	是	否	否	是
油液分析	否	否	是	是	否	否	否	否	否	是
振动	是	是	是	是	是	是	是	是	是	是

通常来说，振动的测量采用加速度传感器，加速度信号经过积分成为速度，再经过积分成为位移，形成包络谱，经过高通滤波获得固有特征频率，经过快速傅里叶变换（Fast Fourier Transform, FFT），然后经过整流、解调，这样获得的信息，即可对其进行工频、二倍频、共振的分析，如图 5-5 所示。

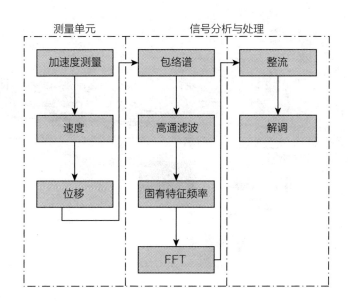

图 5-5　信号处理过程

2. 边缘分析架构

如图 5-6 所示，在这个架构中，主要考虑通用的工业厂商提供的分析架构，采用信号处理后将振动信号所获得的频率信号发送至边缘计算，如果采用专家系统，数据将以"查表"形式被分析。当然，这也是一种边缘架构，但是，如前面所说，主要对物理退化模型的应用比较合适。

3. 采用机器学习的分析架构

对于机器学习方法的预测性维护，主要考虑在其软件实现架构方面的构建。图 5-7 所示为基本的机器学习方法架构，与之前相同，先是数据的输入，对于工业现场来说，信号处理能力是擅长的，而对于机器学习则在于方法的选择、特征值提取、软件工具的配置、参数调试等任务。

在边缘侧的硬件架构上，可以基于通用计算架构、边缘云方式来实现这样的一个任务，图 5-8 是可参考的华为边缘计算软件栈（也可采用如阿里、微软等 IT 企业的架构），在这个边缘计算软件栈中，可以对数据进行采集、解析，并开发应用训练、下发模型。

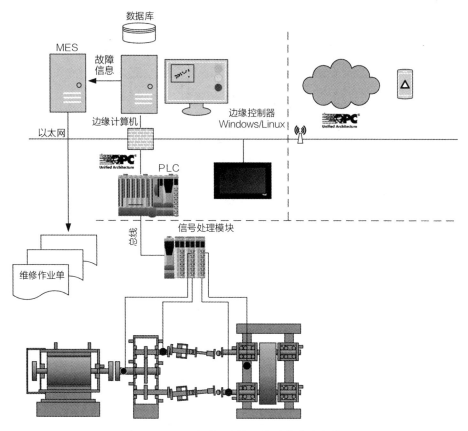

图 5-6 工业预测性维护边缘计算参考架构

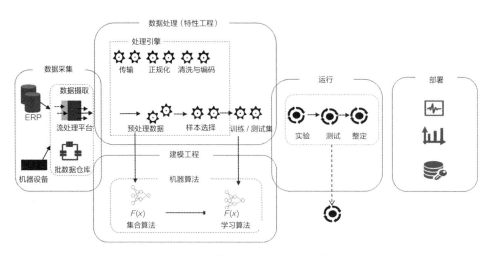

图 5-7 基本的机器学习方法架构

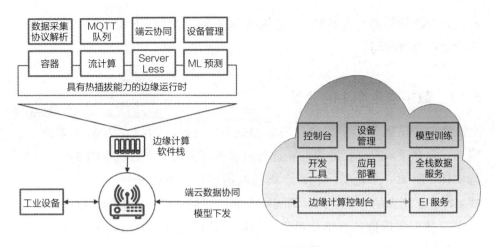

图 5-8　华为边缘计算软件栈

5.3.5　小结

受限于篇幅及本书定位于了解边缘计算的架构和实现，就整体来说，预测性维护的边缘计算应用需要注意以下几个方面的工作：

1）尽量机理建模与数据建模相结合：物理的机械退化（失效）机制不容易发掘，需要大量的工程积累，而采用机器学习等方法，本身也有可解释性、数据训练与验证的问题，也是非常需要专业知识的，不能过分依赖于机理或数据驱动模型，尽量各取其长。

2）知识复用：尽管有各种工具，但是，对于工业场景来说，解决用户的痛点才是问题的关键，必须聚焦问题本身的积累，将解决问题的知识变为可被复用的知识，才能整体降低用户端的成本。工具类厂商可以关注易用性工具的设计，但应用侧必须关注建模的能力培养。

5.4　数字孪生

数字孪生（Digital Twin）非常流行，已经成为智能制造的时髦词汇，然而，作为工业应用场景中的企业，必须以审慎态度对待数字孪生，因为必须以问题解决的必要性为导向，而不是追逐潮流，如果它不能带来价值，那么企业是在浪费时间。

5.4.1　数字孪生产生的背景

目前公认数字孪生的概念是由 Michael Grieves 教授在 2003 年提出的，当然，它在学术界、标准界与企业界有着不同的表达方式。在图 5-9 中，物理实体（例如一个化工厂、一个离散制造工厂的基础设施、工艺装备、产线）构成了物理的可见实体，而另一方面，我们可以在虚拟的数字化设计环境中对整个实体进行数字化描述、建模，然后通过实时的数据交互，将现场的传感器数据反馈给虚拟实体，然后虚拟实体运行分析系统，它可以是基于机理模型的应用也可以是数据驱动模型下的应用，用于对物理实体进行动态分析和优化，并将其判断转换为指令下发给物理实体的执行机构来执行。

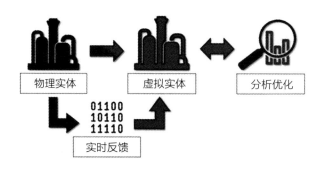

图 5-9　数字孪生的简图

这种抽象的描述符合工业目前对于制造过程的期待，即一个动态、应对变化、不确定环境的系统，具有自感知、自分析、自判断、自决策的系统，它必然是一个物理与数据融合的系统，这是整个智能制造、工业物联网的核心问题，也是智能制造的核心使能技术。

显然，从这个分析我们可以看到，边缘计算的角色在这里具有高度一致性，因此，数字孪生技术也可以作为边缘智能的整体使能技术之一，被借用到边缘计算的整个架构中，它们之间并非"从属关系"，而是"并行关系"，即数字孪生实际上是边缘计算所需借助的关键技术。

因为在很大的程度上，边缘计算和数字孪生要实现的目标是一致的，只是数字孪生需要边缘计算在数据平台、应用开发工具的集成，而边缘计算也同样需要数字孪生技术已有的机理建模作为其应用的核心竞争力。

数字孪生应运而生，仍然因为它是制造业面临的众多必须解决的问题，而这种问题其实已经被反复提及，即如何解决在个性化的生产制造中的经济性问题。

1. 增强市场响应能力

变化，是一切挑战的源泉，无论对于管理学界的研究，还是对于控制技术领域的发展而言，这是普遍存在的，而在当今的智能制造、IIoT 时代，企业一样面对的是变化的环境，在这样的环境中生存，企业必须具有适应变化的能力，而构筑这样的能力，必须有较强的数字化能力，这是因为数字化能力有一些非常显著的优势。

应对变化的产品生产，在开发新的应用，制造新的产品时，传统意义大规模制造可以接受早期验证中的大量测试验证成本，而在小批量多品种情况下，这就不具有可行性，因为测试验证的成本会摊薄利润，而过高的成本则无法保证客户的投入产出。传统的建模仿真可以解决这个问题，但是，对于不可预知的制造问题，以及无法认知的机器失效、未知产品的工艺参数适配等问题，就需要数字孪生技术来构建这个架构。

知名咨询企业埃森哲的 2019 年报告《数字孪生：打造生力产品，重塑客户体验》对数字孪生的角色进行了描述，如图 5-10 所示，其中数字孪生将为产品的研发、制造、运维各个场景提供技术支撑，它将涵盖整个产品生命周期的各个环节。它不仅能够为设计提供交互，还为制造现场的程序、服务、制造中的工艺进化、生产的 MES/ERP 提供数据。

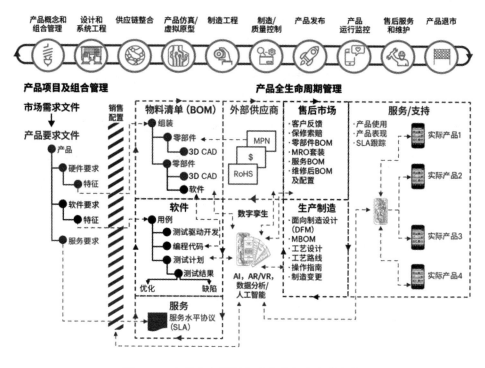

图 5-10　产品生命周期管理中数字孪生的角色

2. 降低成本

大规模标准化生产经历了百年的迭代，其经济性已经非常低，就像专业人士分析的，如果采购一辆 10 万元的汽车的所有零部件，你会需要 80 万元，而你买整车只需要 10 万元，这就是大规模生产的功劳，它将整个生产的成本极度压缩，使得在人员、机器、材料、方法、环境多个环节都不断地持续改善，进而成本达到极低。

但是，小批量多品种的生产需求打破了这种成本优势，例如，在印刷、注塑等每个生产环节，开机浪费都不可避免，如果对于一个大的订单，这个开机浪费可以忽略不计，但是，对于一个小订单，这个开机浪费将带来不良品率的上升。另外，在大规模生产的订单更换时，需要花费较多的时间进行机器的换装调校，对于一个需要生产 1 个月的订单来说，2 小时可以承受，但是，小批量的订单可能仅够 8 小时生产，那么此时 2 小时的换型就会占用太多的非增值生产时间。

因此，对于智能制造而言，面对的将是如何在个性化生产中获得高利润，确保高品质产品的输出，缩短质量迭代周期、降低开机浪费、缩短换型时间带来的交付周期变长将成为关键。同时，对于"未知"的产品——那些全新材料、规格的产品来说，测试验证也是必要的环节，传统的物理测试验证成本很高，因此，数字孪生被赋予了期待，即解决一些工业中的测试验证成本问题：

1）通过虚拟测试验证来降低产品换型后的物理测试验证成本。

2）预先的产品工艺适配可以缩短换型中的时间，直接配置参数即可运行是最理想的状态。

3）动态的产品质量缺陷分析与动态调整对于高精度、多流程生产的产品尤为重要，降低不良品在任何时候都是降低成本的核心问题。

任何可以降低人工消耗、材料消耗、时间消耗的过程都是有益的，而数字孪生，为这个生产流程提供了一个动态迭代的过程，它可以不断去发现并收敛人员、材料、时间等的消耗，使得产品质量不断提升，而成本不断下降。

3. 用户商业体验与全流程服务

有很多数字孪生可以增强的服务能力：

1）机器的不断迭代：如果需要进一步挖掘数据价值，机器制造商希望能够获得现场反馈来不断提升其应用能力，例如对于印刷机可以提升机器对颜色的调整能力，学习人工参数与自动配置参数之间的差异，以此来优化其色彩管理软件，这些可以提供给用户，也可以用于自身设计升级。

2）运维服务：通过增强现实（Augmented Reality, AR）/ 虚拟现实（Virtual Reality, VR）提供机器试教、维修等的支持，这也会成为未来增值服务的部分，这得益于原有的建模，但是，增强了现场的动态交互能力，以及人 - 机交互的双向作用。

3）预测性维护：这也是可以通过数字孪生构建的，传统的预测性维护通常基于材料的失效、断裂力学等机理方法，但这种方法需要非常专业的物理测试来形成专家系统，且适用性较差。而今天，借助于数字技术，预测性维护也可以作为一种工具通过数字孪生方式（例如建立机器集群的数据比对）来看到机器的参数差异，挖掘引发某台机器故障的原因，也可以通过数据积累，由数据驱动建模方法形成新的判断模型来预测故障。

5.4.2　数字孪生的特征

1. 数字孪生与建模仿真的区别

很多人容易将建模仿真（Modeling & Simulation）与数字孪生混淆，甚至市场上很多企业将其原有的建模仿真技术上开发的一些模型号称数字孪生。在某种意义上说，数字孪生正是要解决一些原有的仿真技术所不能达到的领域和场景。

仿真技术是应用仿真硬件和软件通过仿真实验以及数值计算和问题的求解过程，反映系统行为或过程的模型技术。但是，仿真通常包含了确定性的规律和完整的机理建模，并通过软件化来模拟物理世界。通常来说，仿真技术也是采用离线方式来模拟物理对象，并且主要是"观测"物理特性，并不存在优化的空间。

建模仿真更多在"静态"意义上对既有的物理模型进行建模，并对其进行各种工况、参数变化中的测试验证，在这一点上，数字孪生需要基于建模本身，但是，数字孪生有几个显著不同。

（1）强调动态交互性

在这里，动态与交互是两个话题，动态讨论的是物理实体与虚拟实体间的动态交互，传统意义的仿真软件通常是对具有明确的物理对象的模型进行建模，并赋予这些物理对象变化以获得最优的参数，但是通常这些仿真软件仅能进行离线的仿真。而数字孪生要解决的是物理实体上数据的采集的问题，即基于传感器的交互问题，而又牵扯到数据传输网络问题，通常被称为"北向数据"的集成。另一个视角，在数字对象中获得的"知识""智慧""判断与决策"，也需要被物理对象执行，称为"南向数据"的集成问题。

静态的仿真可以是离线的，但是，数字孪生是在线的，它是一种典型的边缘类的任务。即它具有一定的实时性需求，它解决的是双向交互问题。

但是，必须意识到，尽管我们谈论了数字孪生与建模仿真的差异，但是，数字孪生必须是基于这些已有的技术之上，首先得确保有数字化的模型，将实体的机械、产线、电气控制对象进行数字化建模，才能在这个基础上运行更为完整的系统。

（2）面向全生命周期

数字孪生是基于建模仿真的，但是，传统意义建模仿真通常被应用于早期验证，在机器开发阶段进行虚拟测试，而基于建模仿真的数字孪生却是面向整个生命周期（即设计、制造与维护多个阶段）。

在生产制造环节，通过数字孪生的动态交互，以及基于数据驱动的建模方式，可以形成持续改善，即在设计阶段进行测试验证，而在生产阶段的换型也可以进行测试验证，在制造运行阶段，可以通过数字孪生观测生产过程，并对产线存在的材料消耗、生产周期与节拍影响效率的因素、能源消耗等进行分析优化，这些边缘任务均可通过数字孪生技术来实现。

为什么数字孪生场景也是一种典型的边缘任务呢？它符合边缘任务各种特征，无论实时性、动态性、优化还是全局性，都是典型的边缘计算类任务。数字孪生更多是一种方法，可能对于不同的厂商来说，其数字孪生可以解决不同的问题。

2. 互操作性问题的解决

互操作性是指在不同的软件（例如 Runtime 类软件 Automation Studio、

Portal、Logix 等）间能够进行交互，而对于数字化设计类如 Solidworks、UG、Pro-Engineering 等软件间的交互，就牵扯到了语义互操作问题。

而在传统上，这些数字化设计类软件如 CAD/CAE/CAPP，通常不具有非常强的通信集成能力，主要是连接数据库和打印机输出这些系统或设备，其与现场的交互通常都是基于标准以太网的数据连接，没有实时交互能力，并且通常与现场实时运行类软件系统没有统一的语义交互接口。但是，数字孪生是要与实时运行的软件进行交互，通常采用周期性的任务，因此，需要考虑接口的统一规范问题，以及与现场系统的实时交互能力。

（1）FMU/FMI

在传统的仿真技术中，对于保真性、离线特点来说，不能满足现在的不确定性、非线性和全局最优的应用场景的需求。但是，工业界一直在寻找解决方案，实际上，在很多所谓的"智能制造""计算机集成制造""柔性制造"的场景中，都有对数字孪生的需求。为了解决这些问题，像 SysML 和 FMU/FMI 都被应用于解决这类交互性问题。

Modelica 是欧洲汽车领域的很多企业组建的一个联盟，其旨在解决不同的仿真软件中的互操作性问题，当然，这里的互操作性是在"模型"交互方面的，这类似于之前我们在 OPC UA 信息建模中谈到的信息模型，在 FMU/FMI 的方案中，功能性模型（也称为"打样"）单元（FMU），可以通过功能性模型接口（FMI）进行连接，例如一个达索的机械仿真类软件也可以与一个如 MATLAB/Simulink 控制系统仿真的软件之间进行信息交互，以实现"协同仿真"的目的。

FMI 是什么？ FMI 是一个工具独立的标准，通过 XML 文件与编译的 C 代码的融合来支持动态模型的交互和联合调试，如图 5-11 所示。

图 5-12 所示的就是 FMI 的 XML 格式描述文件。

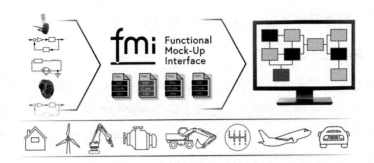

图 5-11　FMI 是由 Modelica 组织共同推进的仿真接口规范

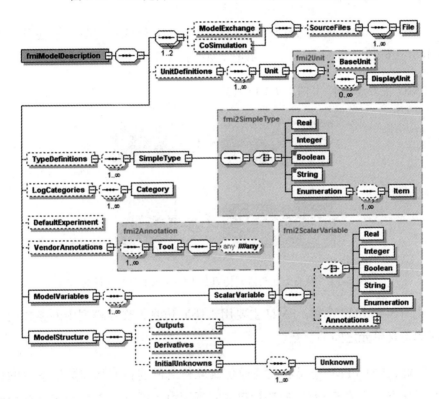

图 5-12　FMI 的描述结构

（2）FMI 用于模型交互

其意图是建模环境可以以输入 / 输出模块形式生成一个动态系统模型的 C 代码，可以被其他建模和仿真环境使用。模型（没有求解器）用微分、代数和离散方程来描述，包括时间、状态和速度。

（3）FMI 用于协同仿真

目的是在协同仿真环境中将两个或更多模型与解算器耦合。子系统之间的数据交换仅限于离散通信点。在两个通信点之间的时间内，子系统通过各自的解算器彼此独立解决。主算法控制子系统之间的数据交换以及模拟求解器的同步。该接口允许标准和高级主算法，例如可变通信步长的使用，更高阶信号外推和错误控制。

FMU 是一个压缩文件（*.fmu）包含了 XML 格式接口数据描述和功能（采用 C 代码或二进制实现），所谓的 FMU 就是采用 FMI 开发的软件组件。

FMU 主要干两件事情，如图 5-13 所示。

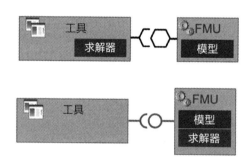

图 5-13   模型交互与协同仿真是 FMU/FMI 的主要目的

从图 5-13 可以看到，FMU 主要用于协同仿真，交互模型中的参数用于不同的仿真单元之间的交互。

因此，FMU/FMI 也是各类建模仿真软件之间连接并构建数字孪生的一种互操作方法。关于 FMU/FMI 接口的实现能力，可以参考 Modelica 组织的官方网站，它列举了各家公司在 FMU/FMI 接口方面的软件型号、版本与进程，用户可以基于这些已经发布的具有接口能力的软件构建应用。

（4）OPC UA 的接口

实际上，OPC UA 也是一种更合适的信息交互接口，之前章节讨论了

OPC UA 在通用场景中的情形，其实，同样可以发现，OPC UA 对于工业数字孪生也是一个很好的解决方案。

在图 5-14 中我们会遇到一种数字孪生的场景，需要解决交互性问题，对于数字化设计（例如 MATLAB/Simulink）来说，它会需要与现场运行时类软件如 SIEMENS Portal、B&R Automation Studio、Studio 5000 等进行交互，通常需要专用的接口或 FMU/FMI，但是，如果能够有一个像 OPC UA 这样的通用性数据互操作框架的话，那么，FMU/FMI 的信息就可以被统一的框架所访问和调用，这带来的好处在于，用户无须在多个软件平台间进行切换，或被某个平台锁定，这就是 OPC UA 统一框架的好处。

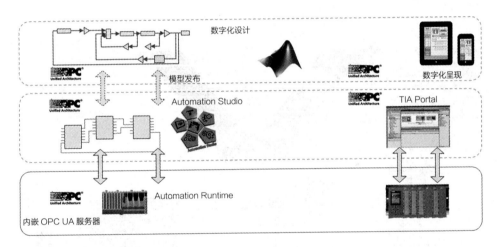

图 5-14　通过 OPC UA 来实现模型信息交互

因为采用了 OPC UA 框架后，仿真软件就可以与不同的现场物理设备访问软件进行统一的模型信息动态交互，这使得开发的接口被简化，这也是 OPC UA 基金会与数字化设计类软件合作的关键一步。在未来，OPC UA 也将被纳入数字化设计与运行时构建数字孪生系统的通信规约。

5.4.3　工业数字孪生

在这里谈到工业边缘中的数字孪生的原因在于，FMU/FMI 在数字对象和基于运行时的软件之间必须建立这样的连接能力，才能形成机械、电气控制与传动和物理对象之间的连接、交互。例如，比较典型的如 MapleSim，它与不同的自动化系统（如 B&R 的 Automation Studio、Rockwell AB 的 Stduio 5000 平台等）之间建立了这样的连接。

在图 5-15 的架构中，通过 MapleSim 和 Automation Studio 的连接，实现机械的仿真与控制的仿真协同，而控制系统则与物理实体对象是连接的，这就可以构建一个机电软一体化的数字孪生系统。在这个数字孪生系统里，对于工业而言，最为有效的场景即"虚拟调试"。在数字孪生的众多应用场景中的工业领域里，这个对于机器设计、产线规划而言是非常有必要的。

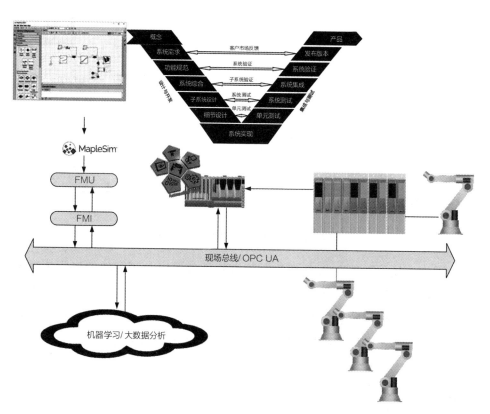

图 5-15　实现机械与控制联合仿真

在图 5-15 中，除了像 MapleSim、IndustrialPhysics 等仿真软件与 Automation Studio 就机械的传动、转动惯量匹配、摩擦力等进行仿真，以确定机械与电气控制参数的匹配并获得设计所需的动态响应性能的测试验证外，我们可以基于数据驱动方法来对这个过程进行分析、优化，这也同样是数字孪生的应用场景。

这也同时表明了采用数字孪生的应用场景，在工业中，需要紧密结合机理模型与数据驱动模型的方法，才能更为有效且经济地解决工业实际问题。

5.4.4　边缘架构中的数字孪生

边缘计算中的数字孪生，对于本书而言，还是聚焦在工业领域为主的平台架构。工业边缘计算的数字孪生有两种主要的应用场景：一种是与数字化设计相关的场景，即用于虚拟调试的场景；另一种是数据采集场景，即监测类应用场景。

（1）物理实体

实际上，任意一个具有数字化控制、传感器采集能力的机电对象都可以成为一个物理对象，这个进程经过机械制造商、自动化厂商、工厂建造商等多年的实践，已然成型。

如图 5-16 所示，针对不同类型的 CNC 加工及整线的 PLC 控制器，整个系统本身就包含了采样的编码器、光栅尺，以及为机床配置的温度传感器、光电传感器等，而这些都可以被采样到 CNC 系统中，传统意义的 CNC 都是专用的系统，而今天边缘计算则采用通用的平台架构来实现其运行的基础设施，这包括今天基于 Intel X86 架构的处理器的工业级 PC 服务器或机架服务器，均可支撑边缘计算任务的运行，如需更高速的任务，例如视觉处理、深度学习，则可以增强 AI 加速器或基于服务器集群算力分配的架构，如云计算服务。

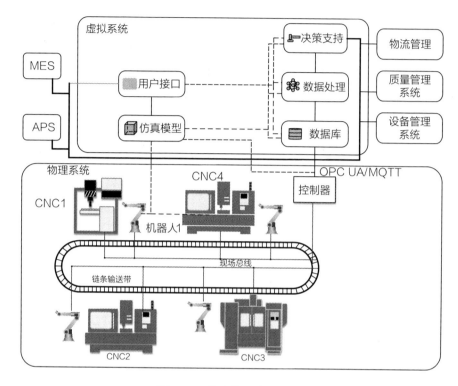

图 5-16　构建数字孪生系统

物理实体包括了工艺装备、输送系统，也包括为了控制它们的硬件处理器资源，以及传感器资源、边缘算力资源、AI 硬件等。

（2）运行时类软件

在硬件基础上，对于 CNC 和 PLC 都有控制软件，这些软件的特点是具有 Runtime 的任务调度能力需求，像 VxWorks、QNX、μC/OS-Ⅱ类的实时操作系统，以及运行实时任务调度的线程管理软件。在这个基础上，运行应用嵌入式任务的运行程序。当然，也可以在工业级 PC 控制器上运行基于 Windows 和 RTOS 的双系统的任务。

与传统 PLC 仅擅长逻辑处理不同，现在的工业控制器通常已经可以采用 Intel X86 架构的多核处理器，如 Core i 系列、Appollo Lake、Tiger Lake

等 CPU，可以支持 Windows 和 RTOS 的同时运行，既支持实时的逻辑、运动控制任务、机器人任务、CNC 任务，也支持 Windows 下的 HMI 交互、仿真类的软件执行。

这类双操作系统、开发环境中都包括了 OPC UA 或者 Pub/Sub 机制的通信，包括对 FMU/FMI 的支持能力，目前自动化类运行软件均有与数字化系统接口的能力，以及模型交互方面的能力。

（3）数字化设计类软件

这个层面可以采用前述 FMU/FMI 接口、OPC UA 接口进行交互，这类软件根据需要有机械设计类、产线规划类、工艺仿真类。如 IndustrialPhysics、MapleSim、PTC、Solidworks 等优秀的 CAD/CAE/CAPP 软件，均可通过有效的接口进行交互。

在不同的工业软件中，可以实现不同的任务交互，例如 EPLAN 主要针对电气图纸类，用于制造现场的电气传动控制的工程集成便利性。而 MapleSim 则擅长机械对象的仿真，MATLAB/Simulink 则是比较广泛应用的控制类建模仿真软件，它几乎与各个数字化运行类软件都有接口，IndustrialPhysics 则可以对整个产线进行仿真。

（4）其他软件交互

由（1）～（3）构成数字孪生的数字化设计部分，这个部分对于虚拟仿真、图形显示接口（AR/VR）、制造过程已经有了框架。但是，对于另一些场景的应用也可以采用其他 IT 技术来实现，包括数据分析的方法、工具类。这类分析主要是基于对数据集的处理类、机器学习类应用，它们也能获得现场数据。

5.4.5　数字孪生应用场景分析

在构建数字孪生后，工业应用场景里比较多的应用与生产制造相关，我们就几个环节进行一些场景分析并提供架构搭建的参考，供读者去推进自身的数字孪生构建，包括选择合适的软件、流程、平台以及进行人才的培养。

1. 可视化类应用

在构建的数字孪生中，最为直观的应用其实就是 AR/VR 的应用场景，这个场景有非常多的直观的显示任务处理。

有哪些场景适合于 AR/VR？

- 在设备和产品的开发阶段，为了更直观地对其进行人体工学评估，可以采用 AR/VR 技术来实现。
- 通过实时数据呈现，可以在头显中直观地看到数据，这有助于系统开发、运行管理人员对整个系统进行全局的把控，更易于理解和判断。
- 在培训和说明方面的帮助自然是非常大的，尤其对于需要现场复杂的维修、装配类任务的场景，通过 AR/VR 是比较有效的方式。

2. 优化类任务

事实上，在这个方向上，工业应用场景非常多，今天很多被赋予 AI 外衣的算法，其实在工业里已经都有大量应用，只是，过去算力成本太高，这对工业很多场景都是不合适的，工业里长期仅处于"设定值"控制模式，真正具有自适应力的控制还是比较少，因此，随着算力的经济性的改进，边缘计算也赋予了工业很多潜在的应用场景。

其实，边缘类任务无论在非工业场景，还是工业场景，都要解决一个全局最优问题，因为就控制本身而言，在局部获得最优解已经成为工业控制领域的工作必然，例如为风力发电机组获得最大叶尖速比、为凹版印刷机进行套色控制获得最佳品质就是基于模糊控制的算法，这些类型的应用都已经被证明是非常成熟的。而今天扩展主要发生在机器的全局，以及调度类、策略类任务，例如以下几个场景：

- 为码头的自动导引运输车（Automated Guided Vehicle, AGV）提供最优的路径规划：它并非解决单个 AGV 的控制问题，而是解决它们之间配合效率最高的问题，这需要根据动态的任务（客户订单、船的到达时间）以及集装箱在整个船中的调度任务，这些最优并非来自单个对象，而是来自整体。
- 参数寻优：在很多场景里，无论是印刷的送纸机构，还是温度的控制，都有一个如何为不同的生产匹配最优参数的问题，这些算法需要大量的数据聚类判断与决策。

自适应均衡器的原理就是按照某种准则和算法对其系数进行调整，最终使得自适应均衡器的代价（目标）函数最小化，达到最佳均衡的目的。各种调整系数的算法就称为自适应算法，自适应算法是根据某个最优规则来设计的。最常用的自适应算法包括逼零算法、最陡下降算法、LMSE 算法、RLS 算法以及各种盲均衡算法。

自适应算法所采用的最优准则有最小均方差准则、最小二乘法准则、最大信噪比准则和统计检测准则等，其中最小均方差和最小二乘法准则是目前最为流行的自适应算法。LMSE 算法和 RLS 算法采用的最优准则不同，因此这两种算法在性能、复杂度均有许多差别。

一种算法性能的好坏可以通过几个常用的指标来衡量：

- 收敛速度：算法达到稳定状态的迭代次数。
- 误调比：实际均方差相对于算法的最小均方差误差的平均偏差。
- 算法复杂度：完成一次完整迭代所需的运算次数。
- 跟踪性能：对信道时变统计特性的自适应能力。

LMSE 算法是针对准则函数引进最小均方差这一条件而建立的，LMSE 属于监督学习类型，而且是模型无关的，它是通过最小化输出和期望目标值之间的偏差来实现的。LMSE 算法属于自适应算法中常用的算法，它不同于 C 均值算法和 ISODATA 算法，后两种属于基于距离度量的算法，直观且容易理解，LMSE 算法通过调整权值函数求出判别函数，进而将待测样本代入判别函数求值，最终做出判断，得出答案。

3. 模糊控制类任务

模糊控制，1965 年加利福尼亚大学伯克利分校的系统理论专家 L. A. Zadeh 教授把经典集合与 J. Lukasievicz 的多值逻辑融为一体，开创了模糊逻辑理论。1974 年伦敦 Queen Mary 学院的 E. H. Mamdani 教授使用模糊逻辑来控制不能使用传统技术控制的蒸汽机，从而开创了模糊控制的历史。

经典集合使用特征函数来描述，模糊集合使用隶属度函数做定量描述，因此，隶属度函数是模糊集合的核心，定义一个模糊集合就是定义域中各个元素对该模糊集合的隶属度。隶属度是特征值函数的一般情况。

确定隶属度函数的方法有四种：

1）模糊统计法。基本思想是，对论域 U 上的一个确定元素 $X1$ 是否属于论域的一个可变动的经典集合 B 做出清晰的判断，对于不同的试验者，经典集合 B 可以有不同的边界，但它们都对应于同一个模糊集合 A，在每次统计中，$X1$ 是固定的，B 的值是可变的，做 n 次试验，其模糊统计可按照下式计算：

$$X1 \text{ 对 } A \text{ 的隶属频率} = X1 \in A \text{ 的次数 / 试验总次数}$$

2）例证法。

3）专家经验法。

4）二元对比排序法。

为何集装箱吊装采用模糊控制？

PID 方法不可行的原因在于控制任务是非线性的，当集装箱接近目标时，晃动最小化是重要的，在 MPC 控制试验中，工程师推导出起重机的机械行为的描述是五阶微分方程式，这在理论上说明基于模型的控制是可行的，但是试验不成功在于：

- 起重机电动机行为不是模型中假设的线性。
- 起重机头移动时有摩擦。
- 模型中未包含干扰量，如风的干扰。

结　　语

现有基于 ISA-95 的工业系统体系架构已经走过了将近三十个年头，在这个数字化转型的变革期，基于工业互联网＋边缘计算的全新架构正逐渐进入大众的视野。在互联互通的边－云协同架构下，工业系统的计算、储存与通信能力都得到了大幅度的提升，以往"专机专用"的工业设备面临洗牌。具备控制大脑、数据中心与智能决策的工业边缘计算节点将发挥出前所未有的能力，成为工业互联网实现自身价值的关键支撑。

现在的边缘计算仍然处于起步阶段，多数边缘计算节点设备仅作为工业互联网云平台与现场设备之间的数据交换网关存在。为使得云计算能力得到充分释放，我们除了使用边缘计算节点向云端发送过程数据外，也应该充分挖掘边缘节点的潜力，将实时性与可靠性较高的任务交给边缘计算节点实施，同时发挥边缘计算节点的算力与储存能力，将数据处理与智能算法下放至边缘节点来减轻云平台的压力，真正发挥边缘计算的威力。

工业互联网目前遇到的最大困境是 OT 与 IT 融合困难，其中的关键问题是 IT 企业主导的工业互联网平台的算法与模型无法落地应用，从而造成开销巨大而收效甚微。边缘计算作为连接 OT 与 IT 的重要纽带，必须发挥更大的作用，实现端－边－云的双向贯通，从而使得工业互联网实现一网到底，产生巨大的经济价值。